你可以一无所有，但不能一无是处

NI KE YI YI WU SUO YOU
DAN BU NENG
YI WU SHI CHU

顾风 著

民主与建设出版社
·北京·

图书在版编目(CIP)数据

你可以一无所有，但不能一无是处 / 顾风著. -- 北京：民主与建设出版社，2016.8（2024.6 重印）

ISBN 978-7-5139-1232-7

Ⅰ. ①你… Ⅱ. ①顾… Ⅲ. ①成功心理—青年读物 Ⅳ. ①B848.4-49

中国版本图书馆CIP数据核字(2016)第180095号

你可以一无所有，但不能一无是处
NI KEYI YIWUSUOYOU , DAN BUENNG YIWUSHICHU

著　　者　顾　风
责任编辑　刘树民
装帧设计　李俏丹
出版发行　民主与建设出版社有限责任公司
电　　话　（010）59417747　59419778
社　　址　北京市海淀区西三环中路10号望海楼E座7层
邮　　编　100142
印　　刷　永清县晔盛亚胶印有限公司
版　　次　2016年11月第1版
印　　次　2024年6月第2次印刷
开　　本　880mm × 1230mm　1/32
印　　张　8.5
字　　数　180千字
书　　号　ISBN 978-7-5139-1232-7
定　　价　58.00元

CONTENTS 目录

第一辑 奋斗需要惯性

第二辑　每个人都是 CEO

第三辑　成功就是多想一步

第四辑 人是被逼出来的

第五辑　拯救世界的跑腿兔

第六辑 断掉后路闯出新路

向过去的奋斗和梦想致敬，奋斗也是有惯性的

[第一辑　奋斗需要惯性]

我们常需要自我激励

我们用一些象征物做心理暗示

暗示自己一定能挺过去

一定能到达彼岸

>成功是自己干出来的<

那年4月，我还在北京的一所重点大学读大四。当同学们为找工作四处奔波时，我几乎没有费什么力气就被一家规模不大的体育产业公司录用，当时公司给我定的职位是总经理助理。

我只是按部就班地完成一些总经理交代的工作，每天打打字，收发文件。开会做记录，月底制作工资表，从来没有想过做一些改进和完善。

这在一家成立时间不长、各项制度不甚完善的公司是绝对不行的。最明显的一件事情，公司一直没有一套完整的管理制度和员工守则，而我竟然没有想过建立这些制度是我应做的工作！

两个月之后接到公司通知：我的职务改为行政部人员，协助一位刚刚招聘的行政主管做事，但薪金不变。新来的行政主管为人苛刻，我作为他的手下首当其冲，每天挨骂无数，自信心备受打击，权衡之后我决定辞职。

9月，当我觉得已经走出阴霾的时候，我开始找工作，并且很快被一家外企录用。职位是行政助理，协助一个工程部门经理做事。

部门经理五十多岁，为人幽默，对下属十分关心，最重要的是，他善于发现每一个下属的优点。我出色的文字驾驭能力在此期间也得到充分的展现。开始我只是把经理口授或手写的信函一字不差用电子邮件发走，经理表扬我认真。渐渐地我对工程了解之后，经理鼓励我对内容作修改。于是我尝试着把经理口语化的信函书面化，并且根据不同的对象、情节，稍微加一两句客气、肯定、谦虚的话，结果经理很高兴。受到鼓励的我劲头更足了，开始在稿子的结构、叙述的内容上做修改。再后来我开始对经理提出纲领性的意见，比如某件事情如何处理不容易引起误会，某份函件中的一些内容去掉会更好等等。渐渐地，我处理文字函件已经轻车熟路，往往是经理把他的想法告诉我，我就能够写出令他满意的东西来。

随着工程的进展，部门要用的款项越来越多，但是公司并没有给我们配备财务人员。于是我又开始兼当财务人员，部门所有的款项都由我来处理。

在对部门的工作完全熟悉之后，我开始研究章程和文化，我发现在员工守则中有一条令人费解的制度：员工不得越级反映情况、开展工作。我对此提出质疑：如果这样，员工的积极性如何调动？高层领导与员工之间得不到沟通，制订一些计划就失去了最真实可靠的第一手材料。我把这个想法如实向经理提出，经理认为很有道理，并且直接向总经理提出修改建议，总经理得知是我的想法后，特地写邮件对我的工作予以肯定，并且表示会考虑修改此项规定。

适逢2008年奥运会，北京开始大规模地兴建大大小小的工程，了解这些工程对部门的工作不无裨益。于是我主动利用周末休息的时间考察北京新建、在建的工程，并且对得到的信息加工整理后发给工程部总监，这项工作持续有半年之久，其间曾有相当一部分内容成为总监制订计划的参考资料。

在部门内部的日常工作中，我在得到经理和公司行政部批准之后，采取了一些福利措施，包括购置了一台小型冷藏柜、一台微波炉，供员工使用；给每位员工配备毛巾；夏天准备清火的苦丁茶等等。前不久我向经理建议：鉴于我们部门的特殊情况(要经常出入工地)，申请公司给部门员工高温补贴。

前不久经理去上海和总经理会晤，谈及我，总经理提出下次来北京的时候要找我谈谈，想在工程结束后给我升职。而两个月前，与我们有业务往来的一家公司的总经理已经向我发出邀请，邀我去他的公司任经理。而我打算考研究生，想再为自己充充电，两个总经理说愿意为我保留职位。

工作一年多，我经历了一些挫折，但也得到了历练，我终于明白：一个人的工作职位其实不是固定的，不是公司给予的，而是自己定的。只要你有能力、有信心，再加上适当的鼓励和支持，你就能够完成更多，拓展职务的内涵，给自己一个全新的职位。

>当修车成为一种境界<

前几天，我的车出了点儿小毛病，开到4S店一检查，嚯，毛病多了去了，拉出清单来连工时费要将近两千元！为了省钱，在4S店的建议下，我来到了一家位于附近干休所院里的汽修厂。

一个很帅的中年人热情地接待我，他就是这家汽修厂的老板于风驰。在问清楚我的要求后，他检查了一下我的车，然后叫过来一个小伙子开始给我换其他配件。一个多小时后，车修好了，我问于老板多少钱，他很干脆：20元！我怀疑自己听错了。他笑呵呵地说，没有技术难度的活他是不会多收钱的。

这时天色已晚，本来着急回家吃饭的我被于老板的话激起了很强的好奇心：修车不就是为了挣钱嘛，还分什么技术难度？正好这时于老板从一辆修好的宝马车下面钻出来，我就拉着他问个究竟。

于老板20年前学的就是汽修专业。毕业后大部分同学都改了行，他却一头扎进了一家很大规模的修理厂，工资待遇低点儿无所谓，只要能让他有机会接触各种车型就行。在那里苦练了5年，他终于掌握了一手绝活，所有别人修理不好的高挡车全部都转到他的班组，接到这样的难题，他就两眼冒光，不分昼夜地一定要把车修好。

就在老板马上要提拔他为车间主任的时候，他却放弃优厚的待遇毅然辞职了，原因很让我吃惊：因为现代化的设备越来越多，修车需要动手的地方越来越少了，而他觉得机器永远代替不了手和汽车接触时的感觉。

他开了家非常简陋的修理厂，但在他破旧的厂房里却停满了待修的豪华车。他修车有个原则，每辆车他都要亲自检查一下，没有难度的活交给员工去干，很难的活他就亲自动手，修不好誓不罢休。我问他为什么不培养几个徒弟，他摇摇头说现在的年轻人太浮躁，到现在为止还没有一个徒弟能踏踏实实地跟他学上两年，他说不学上5年就不能算好手。我无语。

说起对未来的规划，他的眼光让我敬佩，他竟然自费到美国考察过汽修行业！所以他的理想是到美国开一家小型全能的汽修厂，而且已经开始着手办理手续了，他自豪地说，美国现在跑的车他几乎都会修，而最现代化的机器也不能代替他！

>别再买椟还珠<

不久前，我所在的企业组织招聘，因为一位考官突然生病，我便临时顶替他把关面试。冒雨赶到公司时，面试已经开始了，会议室外等候着许多年轻人。因为走得太急，我在会议室门口险些跌倒，手中的资料洒落一地。一位男青年马上走上来帮忙，他礼貌地帮我捡起地上的文件，迅速将它们整理好，双手递给我。我忙向他道谢，年轻人笑着摇摇头，然后递给我一块纸巾，说外面的雨一定下得很大吧，老师您的鞋子都被打湿了。我低头一看，自己的鞋子果然湿淋淋的，便接过纸巾擦了擦鞋子，然后推门走入会议室，心里着实感激这位儒雅周到的年轻人。

不一会，就轮到刚才那位年轻人面试了。因为几分钟前的交集，我对他特别关注，不禁多打量了他几眼。只见他穿着得体的职业装，举手投足间非常注意礼节，而且颇有口才，脑子活络。当考官问及工作态度、个人规划和薪资待遇等问题的时候，他都对答如流，态度谦和且懂得应变，看得出面试之前下足了功夫。

可是当考题涉及到专业领域的时候，他的表现明显逊色了很多，甚至对部分专业名词都不够熟悉，对技术方面的许多问题也是一知半解，回答得磕磕绊绊。很明显，他并无相关领域的从业经验，并不像简历上所说的，在同类公司实习过一年。面对我的质疑，年轻人诚恳地解释说，他在先前的公司只是负责一些技术含量较小的杂务，也的确存在能力方面的欠缺，但他有较强的学习能力，有信心在最短的时间内将技能提升上来，希望考官们能给自己一次机会。面试结束时，年轻人向考官们鞠躬致谢，并将椅子摆正。

与之相比，后面的一位面试者则显得有些木讷，回答考官问题时显得十分拘谨，但专业水准却相当高，技能方面十分熟稔。当然，他也对自己的资历十分自信，甚至还表现出了小小的恃才傲物。

面试结束后，考官们不多时就敲定了录取结果：最具能力，解决问题最快的那位应聘者获得了相关职位，而那位态度谦和，彬彬有礼的年轻人则遭到淘汰。理由是公司需要做事的人，所以当然要选上手最快，效率最高的。

当天下班时，我又在一楼大厅里遇见了那位年轻人。原来，他特地在这儿等我下班，就是为了探听这次面试的内幕消息。他恳切地表示，自己特别喜欢这份工作，希望能得到试用的机会，可以暂时不拿薪水。我告诉他，我无权决定这种事情，而且以这种形式入职也不符合公司规定……

看着年轻人失望离去的身影，我脑海里浮现出了买椟还珠的故事：一个人有颗价值连城的明珠，为了卖珠子，他精心做了一只漂亮的首饰盒，熏上馥郁香气，雕上精美花纹，缀上香花翡翠。后来那只漂亮的盒子吸引来了顾客，顾客买走了盒子，却归还了明珠。对卖家来说，这不失为一桩划算生意。但这样的故事永远不会发生在职场，因为对招聘者来讲，最有用的永远是那颗明珠（求职者的专业能力），而首饰盒（专业技能之外的条件和表现）永远是附属品，盒子质量高当然好，但却难以成为促成生意的决定性条件。

现在，有太多的人不断地强调工作能力以外的因素，误导了职场新人。面试中，礼仪和态度固然很重要，但那绝不是求职者的决胜法宝。对于求职者来说，拿出一颗有价值的珍珠才是真正有用的，如果把精力都用在向考官推销首饰盒上，那结局百分百不理想，因为面试官往往是最精明的顾客。

>奋斗需要惯性<

大学毕业后，我有过一段短暂的教师经历。

那是一家私立中学，朝七晚七，中午休息一小时。也仅有这一小时，学校的大门是敞开的，学生和老师能出去“放放风”。

我总沿着学校东边的街道一直走，走到略繁华的地区，在一家名为“扬州人”的饭馆前停下脚步。

“扬州人”以经营鸭血粉丝为主，兼卖各种小吃，我的菜单是固定的，“一份鸭血粉丝，不要鸭肝，两个鸭油烧饼”。

那段时间，我的心情总是不好。

似乎在离开校园的一刹那，我才意识到学生时代的可贵。虽说工作也在校园，但此校园非彼校园，我想回去读书，想重新拥有一张安静的书桌。

但这是奢望。

学校管理很严，工作任务又重，我几乎没有时间看书；我本科毕业的学校名不见经传，报考一流大学的研究生，没有任何把握。

于是每天，我都在自我斗争：肯定自己、否定自己，希望、绝望……伴随着自我斗争是争分夺秒：在上班路上看专业书，在课与课的夹缝中做一篇英语阅读理解；办公室人声鼎沸，我却心静如水，脑海中只有一个声音：我要飞出去，飞出去。

所以，我格外珍惜每天的鸭血粉丝时间。这一刻，我远离人群，有瞬间的放空。

等待服务员上菜的时间，我总要发一阵呆，后来形成习惯——每天问自己一遍：你想要什么，如何得到想要的，现在应该怎么做？

直到鸭血粉丝上桌。

我在滚热的汤汁中，放几滴醋，再拌上些辣椒酱，然后用筷子夹成块的鸭血，缠绕着绵长的粉丝，一齐送入口中。那强烈的味觉刺激我至今难忘，更难忘的是，临近考试的某天，长期睡眠不足，精神逐渐崩溃。我放下筷子，对自己说：再熬一段时间，你就能过上你想要的生活，届时，你会怀念在小吃店里吃一碗鸭血粉丝，回去发奋时的情景。

一日，我和设计师小齐商量一本新书的封面。

小齐是业内知名人物，过去的几年里，他横扫各大图书节的装帧设计奖项。

这天，小齐一反常态，没那么耐心。当我还在犹豫封面的宣传语时，他敲打道：主意拿好没？我还要赶去看许巍演唱会。

呵，小齐的 MSN 头像是朵蓝莲花，再看他的签名：“我在北京听摇滚”。

小齐的本行不是设计，许多年前，他在长沙的一所中专学校学环境工程，毕业后分配到当地环保局工作。“每天我接听电话、写材料、打打杂，当时我才十几岁，我问自己，这辈子难道就这么着了？”

他拾起画笔——曾经的爱好，又拜师学艺，后来干脆辞去公职，加盟一家室内设计公司，越做越觉得专业知识的贫乏，他在附近的高考复读班报名，他比同学们都大，以至于几乎每个人都问过他：“你这是第几次高考？”

“那时，压力很大，却很快乐，因为每天接近目标多一点。骑着自行车回家，我最喜欢下坡那段，风呼呼地在耳边吹着，心跟着飞扬起来。”

一天，小齐在电视里听见《蓝莲花》，许巍一开口，他就被镇住了，那一刻，他的目标有了艺术化的象征，“我要考到北京、做设计，终有一天，我要在北京听摇滚、听许巍”。

之后的事儿大家都能猜得到——

无论是求学，还是之后的求职，只要许巍的歌声响起，小齐就如同打了强心针，时至今日，“每次听到许巍，我就仿佛被提醒，你得到了想要的生活，那么珍惜吧，继续努力吧。”

不知为何，我想起若干年前“扬州人”饭馆里那碗鸭血粉丝。

事实上，一度，每个中午，我都会默念一遍“再熬一段时间，你就会……届时……”我埋着头，夹一筷子鸭血粉丝时，总觉得前方有西窗等着我，而我已身在西窗前，怀念着正在努力的和曾经发生的。

小齐说得对，我也经常被提醒，人总要兜兜转转才能找到真实、正确的人生目标吧。

为实现那些目标，我们常需要自我激励，我们用一些象征物做心理暗示，暗示自己一定能挺过去，一定能到达彼岸；等真的挺过去，站在彼岸，暗示的影响力仍在，鸭血粉丝也好，北京、摇滚也罢，我们曾在它们身上汲取力量，再一次遇见时，不禁向过去的奋斗和梦想致敬，而奋斗也是有惯性的。

> 价格并不等于价值 <

要活出自己，最重要的就是要培养出自己的价值观。用自己的感受，去衡量所有的外界事物，而不要屈服于世俗的价值，因为那是别人的价值。

我曾经长期因看得懂价格，但看不懂“价值”而困扰。有人送了一瓶红酒给我，说是某知名产区某一年份的绝佳收藏，价格奇高无比，但我却感觉和廉价酒没什么差别；有人送了高级古巴雪茄，价格昂贵，但呛得我无法享受。我对自己的没品位甚为汗颜，难以启齿。

我的麻烦还不止这些，我出版名设计师村上隆的书，邀请他来台演讲。他设计的一个公仔，卖了几亿元。我知道价格，但有什么价值，就无法理解。我尝试仔细阅读他的书、听他演讲，还当面请教，看看能不能开窍，但也只是一知半解，只好承认自己慧根不足。在美国纽约的第五大道，在日本东京的表参道，年轻人抢购着天价的名牌包、名牌服饰，从他们的痴迷与热爱来看，我想他们一定懂得这些东西的价值。

我困惑的是，为什么年轻小女生、小男生们，都比我更懂得“价值”呢？

还有一件事，虽然也有点奇怪，但比较容易理解，那就是：有钱人的艺术水平忽然变高了，他们会高价收藏艺术品，而且这些艺术品的价值，他们也能说得上几句。

我猜应该是有钱人有钱有闲，可以请专家教导，所以就能快速学习，看得懂艺术品的价值，也能负担得起价格吧。

面对这个问题，我不能长期用“假装理解”来自欺欺人，因为这很容易穿帮。让自己处在尴尬的场景中，我必须理解价格以外的价值，才能一劳永逸。

我开始用自己的方法理解所有的高价品。

如果我有机会吃、喝、穿、用、看，我会尝试说出自己的感觉，体验自己的感觉与感受，用纤细、敏锐的观察及接触，去理解一切。而如果这些感觉、感受是美好的、舒服的，是期待重复感受的，那我会解释成，这就是“价值”，美好的感受愈强烈，价值愈高。举例而言，我穿过某一名牌服饰，那种贴身剪裁的感觉，那种有型有款的挺拔，我知道这是价值；我吃过五月上旬从台湾近海捕捞而制成的新鲜鲔鱼肚，口感绵密、入口即化，但也就前三片感觉最好，这也是价值。吃多了，超过三片，再高价也就价值不高了。

经过这样的探索，我开始理解价值与价格的差异。价格只是一个交易的参考数字，而价值则源自于每个人不同的感受。

同样的事物，对每个人的价值都不同，每一个人应该根据自己的喜好、感受，来决定你要接受事物的价值，不要因为价格而盲目接受，更不要因为赶流行而接受。我不再对高价事物感到困惑，如果我不能用自己纤细的感觉，体会它的美好；不能用自己的言语，说出它的美好；不能用自己的心灵，接受它的美好，那么，我知道它对我没价值，我无须假装理解、假装接受。

我更知道，不要被世俗的流行所制约，不要把钱花在对你没有价值的事物上。

>经济学家和垃圾清理工<

约翰·古尔曼和里斯·史蒂夫运了4小时的垃圾，除了中间停下来聊了几分钟，没有休息过片刻。不管他们用多短的时间清理完他们所负责的区域里的垃圾，他们都可以得到8小时的报酬。

每次，古尔曼扛起满满的垃圾桶，肩膀就疼得要命，当他迈开脚步走向街道时，有时双腿也在发抖。但身体的其他部位都在鼓励他："坚持，垃圾清理工。努力干吧！"

古尔曼没想过这其中会有乐趣：倒，扛，运，再扛，再运。几个小时很快就过去了。

今天是星期六，古尔曼和史蒂夫所负责的那个区的大部分成年人都会在家，上学的孩子也在家。古尔曼以为在今天收垃圾的时候有更多的机会与人们打招呼，因为很多人都在户外喝咖啡、聊天，或者在花园里侍弄花草蔬菜。他们大多数看起来都很友好。虽然古尔曼没有时间跟他们长聊，但打个招呼的时间还是有的，这是文明礼貌的表现。

然而事实并非这样。

古尔曼在几个院子里主动跟房屋的主人打招呼，但得到的回应都是置之不理。偶尔，一个男士或者女士肯正眼看他，对他微笑，也对他说："您好！"或者"今天天气不错"，这时古尔曼才感觉到自己跟他们一样是人，一个有血有肉的人。但大多数的情况下，他们要么置之不理，要么感到相当惊讶，他们想不到一个垃圾清理工居然会开口跟他们讲话。

一个穿着睡袍的女士正躺在睡椅上晒太阳，听到古尔曼的问候，她赶紧起身，裹紧睡袍，跑回了屋里。又有一位女士，当时她正和一条身材高大的狗在花园里玩耍，古尔曼问她那条狗是什么品种，她完全没有反应。古尔曼以为她没听见，又再问了一遍，谁知她竟牵起狗走开了。

但大多数给古尔曼友好回应的也是女士。她们回应他的问候，也向他问好。于是古尔曼知道，她们在晚上就寝前，记录一天所做的好事时，一定会写下这一条："今天我跟一个垃圾清理工打招呼了。"

在开车运送垃圾去垃圾处理场的时候，史蒂夫不由自主地向古尔曼说起了这些事。"很多人看你的神情，会让你觉得垃圾清理工是一个怪物似的。你向他们问好，他们却惊奇地瞪着你。他们不知道我们也是人。"

顿了顿，史蒂夫继续道："有一天，一个女的把炉灰倒进垃圾桶里。我刚好看见，就跟她说我们无法把炉灰弄出来。她立即破口大骂：'你竟敢这样跟我说话？你只不过是一个垃圾清理工！'

我对她说：‘听着，女士。我的智商是137，高中毕业时我的成绩几乎是全班最好的。这并不是我唯一能做的工作。’”

史蒂夫喝了一口水，接着说：“每次下班之后，我都想对那些歧视我们的人说：‘瞧，我跟你们一样干净！’但这没有用。所以，我不跟任何人说我是一个垃圾清理工。我说我是一个卡车司机。我相信我们做的工作是一项人民需要的服务，就像警察或者消防员一样。我不为做这个而感到丢人，但我也不会到处宣扬我是一名垃圾清理工。”

下午两点的时候，两人的活儿就干完了。这活儿古尔曼原本打算只干两天，但他现在决定继续干下去。这种锻炼很有好处。虽然他的肩膀一直在疼，但随着时间的推移，他的动作越来越快，也越来越利索。而且，并非人们所想象的那样，他没有把自己搞得全身脏兮兮。

古尔曼也决定，继续向院子里的人们问好。这没有任何害处，而且他仍然觉得他的做法是对的。坦率地说，古尔曼感到很骄傲。他正在做一项必不可少的工作，就像警察和消防员一样。由于他做的工作，他发现他的国家现在比早上的时候干净多了。并不是每个人都能这样骄傲地说这句话。

著名记者约翰·加纳曾说过：“如果一个社会表扬哲学家，而藐视管道工，那么这个社会就会被麻烦困扰。因为最终，管道和理论都会有问题。”古尔曼非常认同这个观点并补充道：“我们的社会既要尊重我们的经济学家，也要尊重我们的垃圾清理工，否则，二者都会给我们的社会留下垃圾。”

>“多能”未必能<

张翔是个勤快的小伙子。他大学毕业后在一家企业干了一年多，其间尝试过很多工作岗位。因为他觉得，多换一些岗位就多一些经验，多一点见识，让自己“多能”一点只有好处没有坏处。后来，他那家公司倒闭了。

他去人才市场找工作。一位招聘主管问他：“小伙子，你会做些什么？”张翔滔滔不绝地罗列了以前公司做过的岗位。他想，现在的公司大多是找“复合型人才”，自己不就是符合这些条件吗？他显得很自信，感觉自己能应聘到一个好职位。主管耐心听完他的讲述，对他说：“你以前做过的工作哪方面最擅长？哪方面最精通？哪方面最出色？”

张翔没想到经理会这么问，他结结巴巴回答不上来。是的，他是做过很多工作，却说不出自己哪一样最专长、最擅长。

主管笑着对张翔说：“你在很多岗位做过，说白了就是比别人多换一个工作岗位而已；你的那些经验，其实就是比别人知道的多一点而已。你的工作含金量不高啊，我们只需要有专长的人或者是专能的人。”

第一次求职就这样失败了。张翔有点泄气，但没有办法，得继续找工作。在一家大型企业招聘摊位前，一位经理问他会做什么，他把以前做的工作又说了一遍，经理两手一摊，很委婉地说：“你很能干，但我们不招杂工。”

张翔又去应聘了几个职位，但多数企业招专长、专能的人。而那些貌似专招“复合型”人才的企业，实际上是招“打杂”的工人，而且工资低、工作时间长。连续应聘，张翔都碰了钉子，他不得不静下心来想想应聘所遇到的问题，重新给自己定位。几天后，他毅然应聘到一家专门制造机器的公司，做了一名普通的技术工人。

多年以后，那家公司的机器成为市场上品质最过硬的畅销产品。当然，张翔已成为那家公司首席的“机械专家”了。他不必担心再次失业和再次找工作，因为他有一套自己的独门技术，可以让他由青春做到退休。

我们干工作不一定追求事事有经验，经验太多不一定是财富，有时候却是一种累赘，是一种缺陷。我们不必要求自己样样都精通、多能，有时候“多能”而不专能，是一种“无能”的表现！

> 成功的秘方 <

莫小敏和张米丽毕业于同一所大学，同时进入同一家公司的同一个部门工作。

从上班的那一天起，莫小敏每天上班总比张米丽早到一点点，甚至比办公室里所有的人都早到一点点。利用这一点点的时间，莫小敏会先把办公室打扫一遍，把打印机、复印机附近的废纸收拾整齐，再把每一张桌子擦干净，烧上一壶开水。自从莫小敏来了后，每天早上等待同事们的都是干净的桌子，整洁的办公室，这个小小的变化让办公室的一天定下了愉悦的感情基调。每天早上同事们微笑着和莫小敏打个招呼，倒上一杯开水，开始精神抖擞地坐下来工作。而张米丽总是笑莫小敏太傻，没有自己那么精明。张米丽会掐着时间来到公司，经常手里提着豆浆，嘴里嚼着油条，风风火火冲进办公室，匆匆忙忙坐到办公桌前，向这个打听昨天的工作进程，向那个询问今天的工作任务，往往要等上十几分钟后才能进入工作状态。

每天下班的时候，莫小敏会比张米丽晚走一点点。利用这一点点的时间，莫小敏会把当天的资料整理好，把办公桌收拾整齐，然后简单地记录下当天的工作进程，以便第二天能更好地衔接。一切收拾妥当，莫小敏会仔细地检查办公室的门窗以及电源关好没有，确定没什么问题后才离开。而张米丽总在离下班 15 分钟前就开始收拾东西，然后站起来东走走西看看，挨到下班时间马上闪人。

工作出现问题时，莫小敏会比张米丽担当一点点。面对问题，莫小敏首先会从自己身上找原因，然后把精力花在寻找解决问题的方法和补救措施上。而张米丽会把精力放在推卸责任上，费尽心机地把责任往别人身上推，寻找各种理由和借口为自己辩解和开脱。

5 年后，莫小敏从部门的一个小职员变成了工作组小组长，再到部门骨干，最后成为了部门经理，工资也跟着涨了好几级。而张米丽除了牢骚比以前多了，一切还是老样子。

张米丽抱怨，为什么她和莫小敏从同一起跑线出发，在同一条路上走，莫小敏会越走越稳，越走越快，越走越远，而她却一直在原地踏步？有人说，香水，95% 都是水，只有 5% 不同，那是各家的秘方，其实，人也是这样，95% 的东西基本相似，差别就是那 5%，而那 5% 的差别，正是成功者之所以成功的秘方。

> 获得成功的诀窍 <

阿诺德·施瓦辛格生长于奥地利，年轻时骨瘦如柴，就连他父母也想不到他竟下决心练习举重。他每周 3 次去家附近的健身馆练习，每天晚上又在家中练上几个小时。今天他已由健身冠军变为电影史上最卖座的明星演员，身价之高在美国演艺界数一数二。

是什么因素促使他达到事业的顶峰呢？施瓦辛格在最近的一次电话采访中一语道破："辛苦的耕耘，同时严于自律，并随时作积极、乐观的思考。"

我的一些心理学同行最近的调查研究证实了一以贯之的辛苦耕耘的重大意义。1988 年，佛罗里达州立大学的 K·安德斯·埃里克森与德国研究人员合作，比较两组青年乐手的事业发展。第一组的 10 位成员均具备成为国际一流演奏家的条件，另一组的 10 位只是"表现优异"而已。埃里克森还请 10 位享有国际声誉的交响乐团的小提琴手作为实验对象，其中包括柏林·菲尔哈默尼克。所有人员都被要求记目前训练日记，并对以前的训练日程做出自我评价。

埃里克森发现，在这些音乐人才中，那些被认为“表现优异”的一组到20岁为止，已训练了7500小时——一个惊人的数字！然而，另外一组被认为是国际最高水平的表演训练时间已达10000小时，相当于一年多的额外苦练。更富有意味的是，那10名交响乐团的表演者所花费的训练时间与后一组同龄音乐奇才相比，不多不少，也是10000小时。

当然，努力并不等于蛮干。要事业有成，时间必须运用得当。你需要富有成效地工作，这样你的辛劳才能得到回报。不妨参考以下建议：

大胆做梦，全心圆梦

作为美国滑雪队的顾问，我亲眼目睹了这一滑雪队的队员由1994年北欧联合赛中12支队中的最后一名跃居当今世界第四强的奇迹，而且我敢预言到1998年冬季奥林匹克赛中他们将雄踞第一。原因是他们自1994年败北之后，就立誓一定要拿到满怀奖杯回家，并且从此开始了艰苦的训练工作。以后每遇逆境，他们就尽力想象获奖的情景，并以此目标自我鞭策，加倍努力。

努力本身不是目的，它所企图的正是回报。你必须为一定目标而工作。应尽早地设定目标，然后付出你所有的心血去实现它们。

咬定目标，专心致志

心理学家加里·福斯特利用工作之余时间写了14本书。他在繁忙的临床事务之外仍能著述如此丰富，实因定下了“著作为先”的原则。每个星期一，他从上午9点钟写到11点半，然后跑步去吃午饭，之后一直写到下午4点。写作时他不接电话，也不做别的事或家务。福斯特每周还会花两三天的时间写作，但星期一是神圣不可为他事侵扰的，因为这是他一周工作的要务。

辛苦耕耘不是你在心猿意马时所能做到的。为了从中得到收获，您必须保持一以贯之的、有规律的、严格而又富有成效的作风。

稳打稳扎，步步为营

我向运动员和公司主管提供顾问服务时，常常提到“1%”原则。“1%”原则即是不要指望一步登天，但求每次有1%的进步。美国滑雪队的成绩所以渐入佳境，也不外乎循序渐进。运动员的速度每年加快2%，那么在下一届的奥林匹克运动会上他们就足以战胜精力充沛的日本队和挪威队了。

正视弱点，及时祛除

我的同事研究过为何有些行政人员会功败垂成。摩根·麦考尔等3人合著的《经验之谈》一书指出，这些人的致命之处在于只考虑到自己的长项，而不愿花力气去克服甚至正视自己的弱点，恰恰因这些“微不足道”的弱点而招致失败。

奖励自己，劳逸结合

许多运动员不能取得成功的原因，在于他们一段又一段地紧张训练，从不为自己安排一个作为辛劳报偿的休闲时刻。

不管从事的是何种工作，你一定要为自己已取得的成绩表示奖赏。如果这一天你已完成日程表上计划的工作，不妨去看一场电影；如果你这一个月的训练任务圆满结束，你就可以奖给自己一双新跑鞋；这样的奖赏能够激励你做好下一步的工作。

不忘睡一个午觉。艾瑞克森的研究发现，一流演奏家除了特别勤于练习，也有午睡的习惯。勤奋练习之后，稍事休息，哪怕为时短暂，也有益身心，有助于继续练习。

我曾接触的人当中，尤其是行政人员，往往以为努力等于不停工作。但体力透支结果适得其反；疲倦了自然容易犯错，事后还得花工夫补救。所以，你应该将休息一项列进你的时间表。你可以在家里打一个盹儿，即使在办公室里，你也要学会在一段紧张的工作之后调适一下。

三省吾身，有备所图

1995 年圣地亚哥市帕德里斯棒球场，托尼·格威恩第六次获得国家棒球队的冠军称号。他成就的奥秘之一就是靠不断检视自己的录像资料。格威恩将每一次自己参赛的实况都录下来，然后仔细观看，并在第二天的训练中克服他在录像中发现的所犯的错误，长此以往技术不断得以完善。

尽管在商务或学业中很难摄录自己的经历，但你可以在每一天结束工作之后回顾一下，再反躬自问：我取得了哪些成绩？哪些地方还需进一步努力？我该为明天做些什么准备？

互相激励，互相支持

不管目标是多么重要，其间的过程总是艰辛的。所以你需要别人的鼓舞和支持，需要有人对你说："干得好！"当我担任儿童棒球队的教练时，我经常要求孩子的母亲或父亲参与他们的训练或游戏，以示对孩子训练活动的支持。父母的支持非常有用。当我的一名研究生采访运动员的成功之道时，发现他们成功的原因有两个：努力不懈，父母的鼓励和支持。

将你的奋斗目标告诉你的配偶、子女、同事，争取他们尽可能多的支持。同样，他们也需要你的支持去实现他们的理想。要达到彼此的目标，大家必须互相支持。

目光远大，甘于寂苦

我在南加州大学攻读博士学位的时候，每个周末我都猫在我们车库里的一块自造的学习室里苦读。有一个星期天，我的一位朋友带着我全家去迪士尼乐园，他们在那儿给我打来电话：“嗨，约翰。我敢说你很想跟我们在一起！”开始我还抱怨他们打搅了我的学习，马上却又顾影自怜起来。可怜一个人待在这闷热的车库里，而他们正在尽情享乐。但立即我又想起自己为什么要呆在这里，我是想让自己成为安德森博士。这个想法让我沉醉，于是不顾闷热的空气，谢绝一切来电，又继续埋首书本。

“在工作中你能找到自己的价值。”作家乔瑟夫·康纳德写道。如果你把工作当成受罪的话，你将永远不可能达到目标。辛苦的工作有时也难免令人萌生放弃之念，但苦尽甜来——辛苦过后，终见彩虹。

>沟通的价值<

在我看来，老板没有糟糕的，关键在于你怎样去和他进行沟通。

比如，如何才能得到老板的信任？

自以为“将在外，君命有所不受”，就不将一些工作细节告知老板，这样做，会使老板心里不踏实。其结果就是，老板常常主动地来向你询问，这样反而更麻烦。

我的做法是，凡事都主动地向老板报告。我的老板很少主动打电话给我，80%都是我跟他通电话，或者写 E-mail 给他，向他更新进展。你越是邀请老板多参与你的工作，他越觉得你是可以被信任的。久而久之，老板就会对你说：“这些事情你不需要再告诉我了。”可见，你的工作方式越透明，老板就会越多地给你管理空间。

与老板和下属分享荣誉也很关键。

要成为好的职业经理人，你就必须懂得怎样通过自己的能量，使你所带领的整个团队有一致的认识，有一致的出发点。否则，即使是明星人物组成的团队也会一败涂地。由美国NBA明星球员组成的“梦五队”，在2002年失去了世界篮球锦标赛金牌，2004年的“梦六队”也折戟于奥运会赛场。他们是最好的球员，但却不是最好的团队。

你的团队能够取得优秀的业绩，是大家齐心协力的结果，也和老板的支持与信任分不开。所以不要忘记分给他们应得的荣誉。

当业绩不好的时候，又要如何与老板沟通？这个问题反过来看，就是，我怎样对待业绩不好的下属？

首先我会看他以往的行为，看他态度是否是积极的，他有没有做正确的事情，并把正确的事情做好。他每周有没有作总结回顾，有没有去拜访客户，他是怎么分析事情的。

第二，你要关注，当业绩不好之后，他有什么解决计划，是否真正找出了问题所在。

第三，在充分了解的基础上，还要虚心地承担责任。与其说这些问题都不关我的事，倒不如说未来我们该怎样去赢。

此外，还应有相应的沟通计划，知道如何向员工解释，以提振士气；知道对老板应该提出怎样的资源需求。

其实，老板是很愿意去帮助你的。就算做得不好也要让老板知道你的出发点、逻辑和工作方式。

另一个关键是沟通机制。如果每个人都直接向老板报告，老板就变成了沟通网络中的信息瓶颈。在一个企业里，如果只有老板说了算，工作效率就会降低，因为老板根本没有那么多的时间，或者他自己一个人无法做到对大小事情都了如指掌。所以要建立团队协作，让平级之间的经理可以高度协作，这样，老板才能有精力去关注战略和未来机会。这可能是你对老板最大的帮助，也是最好的“管理老板”的方式。

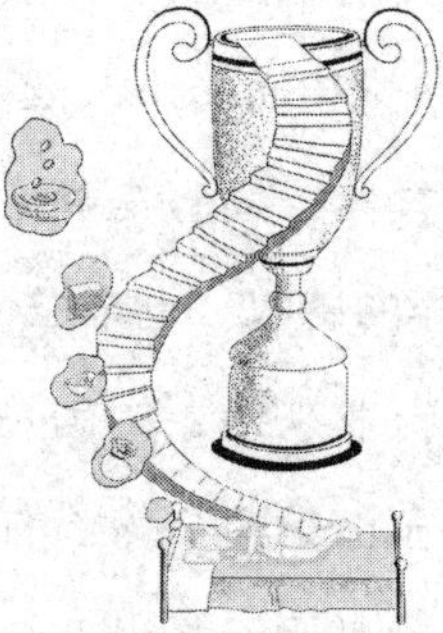

> 天使之心 <

她，是个聪慧的女子。16 岁就考入纽约大学，在顺利拿到机械工程学位后，供职于美国东方航空公司。本以为日子会这样波澜不惊地走下去，但是一则招聘启事改变了她的整个人生。

“什么，你要去当模特？简直是疯了。”当周围人知道了她的想法后，无不发出这样的感叹。也难怪，那一年，她已经 27 岁，相对于模特这个光鲜的行业来讲，的确是太不年轻了。何况她的身高也只有 1.65 米，甚至已是两个孩子的母亲。

但是不管周围人怎样劝阻，她还是决定去大胆一试，因为她实在不想忍受航空公司那每小时 65 美分的微薄薪水。面试、初赛，谎称自己只有 19 岁的她，凭借着沙漏形的身材和生动的眉眼顺利过关，和其他 4 位年轻貌美的女孩儿一同闯入决赛。

决赛是惊心动魄的，每个选手的水平都不差，几个回合下来，她和那 4 位女孩儿仍然难分伯仲。就在决赛进入到最后一个环节的时候，情况有了突变。主持决赛的老男人出人意料地对其中一位女孩儿说，你真漂亮，我可以吻你一下吗？女孩儿大惊失色，慌乱地逃离。事情没有到此结束，主持人固执地一个个问了下去，有的愤然离去，有的甚至怒斥着被工作人员劝离。场上只剩下她一个人孤零零地站在那里。她，该怎么办？得罪了这个又老又丑的男人，模特梦很可能就被打碎了。瞬间的思考，并没有表现在她的脸上，她始终微笑地注视着主持决赛的老男人。果然，那个大腹便便的老男人，又向他走来。场下的观众席鸦雀无声，所有的眼睛都在注视着她。“你真漂亮，我可以吻你吗？”场下唏嘘不已，有的人甚至大喊大叫，说老男人简直是个疯子。

她微笑地环顾着场下的观众，那笑容像春风抚慰着每个观众的心，大家很快静了下来。这时候，她优雅地伸出了手。老男人把头低下，在她的手背上轻轻一吻，然后微笑着对她说，你是我见过的最聪明的天使。场下掌声四起。

事后，人们才知，“我可以吻你吗”，这是模特决赛中精心设计的最后一题。面对看似突如其来的尴尬，她用智慧和优雅，轻松地化解掉，她赢得了全场热烈的掌声，更给人们留下了可爱的印象。

从此，她推开了幸运之门，走上了模特之路，并且一发不可收拾。先后登上《时尚芭莎》《巴黎竞赛》《世界时装之苑》《时尚》等诸多全球著名时装杂志的封面，红透了整个时尚圈。她果然如老男人夸奖的那样，像一个聪明的天使游刃有余地穿行于美国纽约的时尚名利场，成为诸多与之合作的摄影师眼中最可爱的女子。

她35岁那年，摄影家艾夫登为露华浓拍摄那部后来成为经典的“火与冰”广告时，照片里的她涂着猩红色甲油的手在画面中构成了美妙的点缀，恰如其分地演绎了露华浓当年具有煽动性的广告语：“为了爱玩火的你，敢于舞于薄冰之上的你。”自此，她的模特事业达到顶峰。当年那个每小时只赚65美分的她，终于成了年薪30万美元的超级模特。

她，就是被公认为世界上首个堪称超模的模特——朵莲丽。朵莲丽晚年的时候，出版了一本自传《拥有一切的女孩》，回顾自己模特生涯中的轶事，曾经那场惊心动魄的决赛是其中不可或缺的章节。她认为，懂处世智慧是女人立足社会、取得成功的关键所在。事实上，谁人的成功能绕得过做人和处世这道门槛？

成功来源于勤奋，但细节决定成败。勤奋的同时，拥有一颗做人与处世玲珑剔透的心，就离成功不远了。

＞不要再想公司的缺点＜

一个年轻人告诉我，他工作的公司产品有许多问题，竞争对手的产品价格低而且好用。他跟公司反映了许多次，但公司都不肯改变，让他很困扰，不知如何是好。

我问他，公司的营运状况是否很糟？他说公司的营运状况，因为公司卖的是高品质的高价产品，竞争对手是新公司、小公司，他们用低价与服务取胜，因此有些小客户会流失，但大客户还在，因此公司才不愿意调整产品线。

我继续问，那你为什么不去找大客户，去卖公司强势的高价品？他回答，他是新来的人，大客户都在老同事手上，他只能从小客户着手，因而感到痛苦不堪。

我继续问：面对这种状况，那你有什么想法？他回答：产品就是这样，我有什么办法呢？

整个的剧情很清楚，这个年轻人充满了负面思考，其实他的公司还不坏，而他只是一个新人，还在摸索正确的工作方法，但因为眼中只看到公司的缺点，所以走不出正确的路来。

这种年轻人我遇到非常多，他们都很聪明，可是聪明都用在负面的观察上，他们看别人的问题、别人的缺点清楚明白，但是对自己，反省得很少，也想得很少。

这个年轻人充满了负面思考，他看公司的缺点、看主管的不足、看产品的问题，都观察入微，谈起来也都头头是道。可是问他，面对这么多问题，他个人能做什么？或者该做些什么，才能让这些问题有所改变？他的回答是："不知道"，似乎从来也没想过自己该怎么办！

"头头是道"与"不知道"是强烈的对比，这样的员工，通常会是组织中的麻烦。他们认为公司与组织，就是要有好的环境、好的产品、好的主管，然后工作者才能有好的表现。一旦他观察到公司中有任何问题，他们通常会放大问题，成为自己工作表现不好的理由。

我明确告诉这位年轻人，全世界所有的公司都充满问题，如果一个工作者心中充满负面思考，而不知检讨自己该做什么，那几乎没有容身之地。而他的公司还是比较好的公司，只是他看了满眼的公司的问题，没有仔细想想自己该怎么做，所以才会困扰不已。

我建议他，从今天开始，不再想公司的缺点，把这些缺点当作不可改变的事实。然后把所有的精神花在想想自己的缺点上，该如何补强、该如何做，让自己的作为，也能头头是道地说出来、做出来，这才是一个工作者最正确的态度。

>何必非做“杜拉拉”<

爱德华隔三差五就来游说一下海伦：“最近怎么样，考虑换个环境了吗？”“有个职位很适合你，薪水很高，建议你考虑一下呀！”“你怎么还不动心呀，这么好的公司这么好的职位……”

爱德华是个猎头，他的职责是为客户猎到最合适的人才，而海伦对于爱德华来说无疑是具有竞争能力并能卖出好价钱的绝好人选。

海伦在一家外资公司就任职业经理人已5年之久，以海伦的教育背景及工作资历，爱德华认为她完全还可以再上一个台阶。现在，爱德华手中有个职位，那家公司在行业内是赫赫有名的大公司，而且空缺的职位是总监。假使买卖成功，海伦的薪水至少能够翻上一倍或不止，这应该说不是一个没有诱惑力的机会。但是，海伦还是坚定地对着话筒再一次说不了。海伦说：“爱德华，你知道的，多赚一分钱得多出一分力，世界上从来就没有免费的午餐。我嘛，上有老下有小，有份差不多的工作就行了。我可不想做‘杜拉拉’。”

爱德华对着话筒直摇头：“放弃太可惜了！太可惜了！我建议你还是再考虑一下吧。”海伦没有可商量的余地，她心里很清楚，以自己喜欢求稳不喜欢有太大压力的个性而言，做个女强人绝不是自己的理想也并不适合自己。就拿加班来说，海伦有好些同事常加班到晚上九十点钟，第二天还能继续精神抖擞地按时前来上班。但是海伦不行，她偶尔一两次加班到10点之后，整个晚上的睡眠质量就差得一塌糊涂，第二天上班整个人就恹恹地提不起精神。海伦喜欢的生活方式是守着一份压力不算太大薪水还可以的安稳工作，她要多些空闲时间来陪伴家人，做自己喜欢做的事情。她并不羡慕公司里的“杜拉拉”们，作为一个外企人，她太有体会，要削尖脑袋往上爬需要付出多么大的成本。在一拨一拨汹涌后浪的猛烈推撞下，能守住经理职位已然辛苦，她再也不想继续往上爬，即使有现成的机会也不心动，因为她的好友艾米就是一个绝好的例子。

海伦的好友艾米最近新换了工作。艾米曾经在一家国际知名品牌公司做营运部经理。让人意想不到的是，她新换的一份工作竟然是营运部助理经理，且公司品牌的知名度还赶不及上家。每个认识艾米的人都以为她是疯了，连海伦起初也无法理解艾米的举动。

约了艾米出来喝茶。艾米说喝杯普洱吧，养胃。原来，之前过度劳累的工作使艾米患上严重的胃病。她工作忙起来，常要到下午3点才吃午餐，有时候甚至是午餐晚餐并一顿。作为营运部经理，她的心情没法不被销售生意的好坏所左右，每天晚上各店铺来报数，要是一天的销售业绩走势不好，她就整晚睡不着觉。她的胃就这样在日复一日紊乱的作息时间和提心吊胆的工作心情下日渐走向衰退，她喝过中药，吃过西药，但是柔弱的胃还是时不时就疼了起来。终于，艾米放弃了她的“杜拉拉”理想，她原先的计划是三年内做到总监的位置，但是现在，如果不停下来，她不敢相信，三年后，她的胃会不会出大毛病?

现在的艾米，虽然职位下降了，只是助理经理，听上去不那么荣光了，但是她不再需要肩挑一个部门的压力，她开始有时间陪朋友出来喝喝茶聊聊天，她的胃开始走上好转，在海伦眼里，现在的艾米，生活质量和状态只有比从前要好。

有得有失，有失有得，这是职场上永远颠扑不破的真理。假如工作不单纯只是为了赚钱和所谓的荣光，那么，还有什么必要非要做个“杜拉拉”呢?

>被解雇之后<

一天，一位中年人一如往昔地夹着公文包去公司上班。他是这家公司的元老级人物，在数十年的职业生涯中，他兢兢业业、勤勤恳恳，最终坐上了部门经理的职位，其中的艰难和困苦只有他自己最清楚。此时的他，只要在这个公司再继续工作几年，就可以安安稳稳地从公司退休，享受退休生活。可是，出乎意料的是，数十年职业生涯却在这一天画上了句号。

这一天，他被上级无情告之："你被解雇了。"这令他万分惊愕和疑惑："为什么？难道我犯错了吗？"他的上级平淡地告诉他："不，你没有犯错。只是公司这几年发展不景气，因此董事会决定裁员，仅此而已。"没错，他失业的原因十分简单：董事会的决定。然而，正是董事会的这份决定，使他从受人尊敬的部门经理变成了一名失业者。而这个巨大的变化只在瞬间。

但是，他不能因失业伤心而浪费太多的时间和精力。因为他和所有的失业者一样，面临着繁重且琐碎的家庭生活，以及不菲的家庭支出，他必须尽快找到另一份工作，才不至于使自己的家庭生活因为他的失业而受到影响。不过，失业带给他的打击实在太大了，简直令他无法承受。有时候，他像失了魂一样呆坐在街头，眼前的行人来来往往，但是他的大脑里却是一片空白。直到一天他遇到了一位和他同样失业的友人。

友人与他的情况十分相似，都是从经理职位上被公司解雇的。于是，两个人互相安慰，一起寻求解决问题的办法。忽然，一个火苗一样的念头从他的心中闪过："为什么我们非要努力地寻找新的工作？我们自己创办一家公司不是更好吗？"这个大胆的想法，使他心中压抑了许久的创业激情和梦想被重新点燃。他和友人一拍即合。于是，两个人立即着手策划建立家居仓储公司。很快，两个人就为这个仍然处在想象中的公司制定了一份发展规划和一个制胜理念——"拥有最低的价格、最好的服务"。随后，他们又凭借过去的工作经验制定出了一套完整的管理制度，这套管理制度将他们优秀的制胜理念在企业的经营中成功实践。这家由两个失业经理创办的企业就是后来拥有极高知名度的宜家家居仓储公司。

如今，这家公司已经发展成了拥有 775 家连锁店、16 万名员工、创下了 300 亿美元的世界 500 强企业。这个奇迹，都始于 20 年前的那句话："你被解雇了！"其实，失业和其他困难一样，是每一个人都不能避免的，也是人们最不愿意经历和面对的。但是，正是这些不被人欢迎的坎坷，却使人们得到了改变自己人生的机会，正如宜家家居仓储公司的创始人，如果不是创始人当初遭到了被解雇的命运，无论如何他们也不会想到自己创办公司。或者，如果宜家家居仓储公司的创始人在遭到被解雇的命运时，自甘沉沦，因挫折而放弃了生活的希望，被失业束缚了创业的想法，那么他们断然不会走出一条被无数人敬佩和学习的创业之路，也不会使自己拥有一个别具特色的人生。

公司未来的 CEO 是你们现在其中的一位

[第二辑　每个人都是 CEO]

把自己当成别人

把别人当成自己

这样

自己的努力不仅会得到别人的认可

而且成功的步伐也因此越来越快

>给汽车洗澡的大象<

鲍勃·劳伦斯是英国一家动物园的业务主管，这家动物园，因为远离闹市区，所以游客一直很稀少，劳伦斯一直在想办法改进这种状态，想吸引更多的游客前来观光，但一直没有太好的办法。

有一天，他看到一对开车来的夫妇在离开动物园时，女士对丈夫抱怨道："开这么远的车来，车身都脏了，回去还得花钱洗车……"这位女士的抱怨引起了劳伦斯的注意，他想，如果能把这些游客的自驾车都给清洗一下，不就可以招来更多的游客了吗？但转而一想，如果增加这项服务，就要增加设备和人员，那样又是一笔不小的开销，很可能得不偿失，于是便只好作罢。

没想到，事情在两天以后出现了转机，两天以后的一个中午，劳伦斯在园区里转悠，当他走到大象生活区的时候，看到一头大象正在戏水，只见那头象把鼻子插进水中，吸了一些水，然后便扬起鼻子，将水喷向空中，形成一道瀑布。这个情景忽然启发了劳伦斯，他想："如果用大象来给游客洗车，不是既可以省下费用，又可以供人们观看吗？”当天下午，他便向经理做了汇报，经理很赞成他的想法，他便安排专人对大象进行训练，经过一段时间的训练，这头大象学会了洗车，看到车开过来，就把鼻子伸进水中，吸一些水，然后扬起鼻子，把贮存的水对准车身喷过去，喷湿了以后，还会用鼻子卷起一块海绵擦拭车身……

当一切都准备就绪以后，劳伦斯让人在动物园入口处挂了一个牌子，上面写道：“凡是开车来的游客，将得到由本园大象为您免费洗车的待遇。”人们看到这个牌子后，都感觉很好奇，就按照要求把车开到了指定的湖边，车停下来以后，那头负责洗车的大象便走过来，用鼻子吸满了水，然后为这台车做清洗工作……看着它认真工作的样子，游客非常高兴，这样一传十十传百，越来越多的人知道了这件事，很多人就为了满足好奇心，从很远的市里开车来让大象给车洗澡，这样，动物园有会给车洗澡的大象这条新闻便不胫而走，动物园的名气大增，游客自然也大增，收入当然就很可观了。

都说成功需要另类的创意，但另类的创意，也需要有心人才能发现。成功，其实并不复杂，它只需一个简单的创意，比如：让大象给汽车洗澡。

>航空公司的承诺<

在航空史上最艰难的时候，德国汉莎航空公司的上座率一度低于 40%，为了提高上座率，汉莎航空公司开始向全国征集“合理化建议”，并承诺评给十位“最佳合理化建议”的提供者相应的奖励。

活动持续了半年之久，汉莎航空公司最终评选出十条最佳建议，其中排名第一的合理化建议让所有德国人目瞪口呆，因为这条建议的内容竟然是：对于有杰出贡献的乘客提供终身免费机票。

其实汉莎航空公司的高层在讨论这条建议和奖励时分歧非常大，因为有些高层觉得“杰出贡献”不好定义，容易产生争执；此外有些高层担心提供终身免费机票后，有人会三天两头“蹭”飞机。

乘客们也曾热烈讨论过是否有人会因此爱上天天免费飞行。有意思的是，第一名获得者科林思就连续坐了三个半月的免费飞机，而且多是国际飞行。

一时间汉莎航空公司和科林思都成了德国人的笑料，但同时汉莎航空公司的飞机上座率也上升了15%，因为大家都觉得汉莎航空公司信守承诺，虽然不能预知自己哪一天会为汉莎航空公司做出杰出贡献，但在航空公司票价和服务质量相差无几的情况下，选择汉莎总会多一点儿期望。

更有意思的是科林思这位大爷不但继续三天两头免费坐飞机，而且还常在飞机上提出其他要求，有时他会说他头痛或者身体不舒服，问空姐能不能让他免费坐空余的头等舱，说是免费机票并没有限制舱位。第一次空姐拒绝了他的请求，但将他的要求转告了公司高层。

汉莎航空公司的高层又开会专门讨论科林思的这个要求是否合理，最后一致认为免费机票并没有对舱位进行限制，既然是公司的疏忽，那科林思的要求就是合理的。

在连续坐了三个月的免费飞机后，科林思这位大爷竟然爱上了一位空姐，那位空姐也对科林思非常有好感。公司职员相爱结婚根本不受汉莎航空公司约束，但科林思居然写了封邮件给汉莎航空公司，说他爱上了一位空姐，如果公司同意让那位空姐嫁给他，他宁愿放弃终身免费机票。

公司高层看到了这封邮件，很是无语但又觉得很娱乐，但总经理还是选择直截了当地回复：爱情是两个人之间的伟大事情，如果她愿意嫁给你，公司全体员工将会为你俩送上最真诚的祝福。终身免费机票是公司对于你杰出贡献的奖励，你有权选择放弃，但无权用来交换爱情！我们祝你拥爱而归，并继续享受终身免费飞行的快乐。

在得知科林思用终身免费机票换取爱情后，空姐问科林思为什么要这么做。科林思笑着说："其实免费机票与爱情无关，我只是想知道公司是否会趁机免费收回它的诚信。"

"我并不缺钱！我天天坐飞机只是想找到一些生活中的细节，激发一些灵感，无论是给我的人生，还是给这个世界！"

半年后，科林思将自己的经历写成一本书：《空中三月》。在书中他详细描述了关于更换头等舱和自己与空姐的爱情故事，这本书上市后被一抢而空，此后多次再版。汉莎航空公司坚守承诺的做法赢得了德国与世界的认可与尊重，公司的航班上座率狂升到 90% 以上，并跃升为欧洲第一大航空公司。

正如科林思在书中所写的那样：承诺是艰难的，但一旦承诺，就不要轻易放弃！虽然你可以选择收回承诺，但同时会失去诚信。所以不管多么困难，始终坚守承诺，让诚信始终相伴，你一定会收获巨大的成功！

> 机遇偏爱有准备的人 <

现代社会是一个充满竞争的社会，既向人们提出了挑战，同时，也为人们提供了实现目标的良好机遇，生活在现代社会中的人是幸福的，切不可放过一切美好的机遇。

机遇主要指良好的、有利的机会。人们常说“千载难逢”、“天赐良机”就是指机遇。像在野外拾到了金刚石，采药发现了大人参，知识分子赶上尊重知识、尊重人才的政策等，都是机遇。机遇的产生和利用，都需要有其主客观条件。相对来说，主观条件更为重要。

例如在黑、吉、辽东北三省，饭桌上最时髦的饮料，既不是可乐、果粒橙，也不是椰汁、红果茶，而是标明广东制造的矿泉水。但是据地质矿产部的专家透露，全国最优质的矿泉水资源在东北而不是广东。论开发矿泉水的客观条件，自然是东三省得天独厚；而论主观条件头脑的精明，则广东人自然略胜一筹。所以，颇有头脑的广东人把握住了机会。

爱因斯坦曾说过：“机遇只偏爱有准备的头脑。”这是主观条件。这里的“准备”主要有两方面的内容：一是知识的积累。没有广博而精深的知识，要发现和捕捉机遇是不可能的；二是思维方式的准备。只具备知识，而没有现代思维方式，就看不到机遇，只会任凭它默默地从你身边溜走。相传鲁班被茅草划破手指，从中得到启示，发明了锯；牛顿见苹果落地，触发了灵感，发现了万有引力；伦琴在实验中，从手骨图像中，发现了X射线；耐克鞋受人喜爱，一部分归功于采用了“华夫糕式”鞋底，使鞋子变得轻巧美观。这项设计上的革新是鲍夫曼完成的，他说：“那天我看见妻子的蛋奶烘饼烤模，想到鞋底也可以做成华夫糕模样。”这些人平时都既有知识的积累，又具备灵活的思维方式，否则，也会像李比希错过发现新元素溴一样，抱憾终生。

从客观条件讲，机遇的产生和利用需要有良好的社会环境，如自由的科研氛围，平等的择业、工作机会，良好的家庭环境和教育程度等。例如，改革开放后，中国涌现出了大批锐意进取、勇于开拓的改革家。又如，只有计算机高度发展和普及的现代社会，才使得大批优秀软件开发商，大有用武之地。

可见，机遇的产生是主客观因素相互作用的结果，它既有偶然性，也有必然性。

> 屡败屡战的勇气 <

他是一个蒙古族男孩，1961 年出生在鄂尔多斯乌审草原。他长着卷曲的头发，黑黑的皮肤，高高的鼻梁，一双不大的眼睛闪烁着坚毅的光芒。

还是孩子时，他就显露出音乐方面的天赋。他喜爱唱歌，有着嘹亮的歌喉，许多歌他一学就会。从记事起，他最喜欢参加的，就是当地的婚礼。那时的乌审旗虽然贫穷，但是牧民的婚礼却决不寒酸，祝福吉祥的歌曲不仅会唱上三天三夜，而且曲目不能重复。他的母亲是当地一位有名的民间艺人，能歌善舞。他小小年纪，就随着母亲在扬琴、四胡、笛子、三弦这乐器“四大件”和众多合唱中获得音乐的启蒙。当他十一二岁的时候，已经会唱 50 多首民歌，到后来，母亲在“没歌”时还会向他“讨歌”。

他小的时候，村子里有个叫“巴老爷”的艺人，会制作二胡和三弦。他托哥哥从旗里花了不到 4 毛钱买来了笛子，当时没有笛膜，就拿纸把孔盖上，又让“巴老爷”用罐头盒加牛皮做了把二胡，经‘巴老爷’指点一番，他就自己学着吹，学着拉。没过多久，他居然比“巴老爷”吹拉得还好，他的灵气得到了“巴老爷”的夸奖。有这两种乐器的技艺在身，男孩开始有了自己的梦想，他想去考乌兰牧骑，想在音乐的王国里策马驰骋。

于是小学一毕业，他便开始报考乌兰牧骑艺校。可是，尽管他酷爱音乐，满腔热忱，可接连考了 4 年，每年春秋两次共参加了 8 次考试，都名落孙山。很多老师连看都不看他一眼，好像他并不存在。他吹完了，拉完了，还没等他走下台，主考老师就喊下一位考生。每次抱着一点点希望去考，结果却是考一次，碰一次壁。这个十四五岁的少年，完全崩溃了。后来他有了心理障碍，一听艺校招生，就显得惶恐不安。

1977 年秋，16 岁的男孩到乌审旗刚刚建立的民族中学上高中。就在他已经收敛音乐梦想的翅膀、一门心思读书准备考大学时，鄂尔多斯歌舞团来学校招生了。这对他来说，那是地狱般难熬的两天。不考吧，心不甘；考吧，一次次失败的阴影笼罩着他，考与不考在他心里痛苦地纠结。他在考场外一圈一圈地徘徊，在考试即将结束的时刻，他终于下定决心：再考一次！虽然失败了 8 次，但求“九死一生”，再拼搏一下，即使再“死”一次也不会失去什么。于是他鼓足勇气，拿着笛子走进考场，一句话不说，吹起了《牧民新歌》，吹完鞠躬转身就要走。但是这次，他平生第一次被老师叫住并留下。之后，他不仅通过了复试，还通过了 3 个月的集训，最后 30 个人中只留下他们 3 个。当鄂尔多斯歌舞团团长让他把行李留下，过完年来上班时，他内心的自豪与快乐无以言表，过去的失败、郁闷与痛苦霎时烟消云散。

这个男孩就是如今的国家一级作曲家、内蒙古民族歌舞剧院艺术总监、内蒙古音乐家协会副主席，北京经典人文化传媒公司副总裁，艺术总监查干。

考入鄂尔多斯歌舞团后，查干被派到内蒙古歌舞团学双簧管，成为了鄂尔多斯歌舞团双簧管的独奏演员。接着又到内蒙古歌舞团和天津音乐学院学习作曲和指挥。经过自己的执著追求和历练，他的创作才情如泉水般喷发，魅力四射，一发而不可收，写出了很多优秀的作品。他参与了《暖春》《天边情歌王洛宾》等 20 多部电影、150 多集电视连续剧的音乐作曲，并在国内外屡获大奖，蜚声中外。

没有当年最后再考一次的尝试，就没有今天业绩卓著的查干。屡败屡战，愈挫愈勇，拿出“九死一生”的勇气，定能在人生舞台上精彩亮相，奏响动人的旋律、华美的乐章，定格灿烂与辉煌。

>每个人都是 CEO<

某小公司一度陷入了困境，许多员工见状纷纷选择离开，最后只有 5 个人留了下来，其中包括经理。其余 4 个人因为经理的面子勉强留了下来，不过看起来也在作最后的观望，如果经理能起死回生，他们则会死心塌地地干下去。

一天，经理通过新闻媒体得知本地将要迎来一个世界某 500 强企业的 CEO，他认为机会来了，也许这个 CEO 能给他提一些宝贵的建议。那天，经理来到宾馆见到了那个 CEO，向他介绍了公司目前的运营情况，并请求对方给一些建议，帮他们摆脱困境。那个 CEO 想了一会儿，对他说："我没有什么好的建议给你。我唯一能告诉你的是，你们公司未来的 CEO 是你们现在其中的一位。"

经理回到公司后，把这个世界闻名的 CEO 所说的话原原本本地告诉给了其他 4 个人。4 个人听了后都觉得不可理喻，认为这话有点莫名其妙。但他们不约而同地反复回味着那个 CEO 的话：

"公司未来的CEO是你们现在其中的一位。"这个CEO会是谁呢?说来也怪，虽然大家不明白这话的意思，可每个人在行动上发生了变化，大家开始相互尊敬起来，在说话、做事时极力维护对方的尊严，因为他们当中的某一位都有可能是未来的CEO，如果现在不好好地表现自己，要是把对方得罪了，将来一旦对方做上了CEO，岂能有好果子吃?即使自己将来做不上CEO，只要现在努力工作，别人做了CEO，也会念及自己曾经努力过，一定会把自己当成公司的"元老"和功臣的。反过来再想，自己要是将来做上了CEO，那现在就得有个好人缘，好基础，为自己将来捞点"人脉资本"。自此，大家各自的心事，自然成了每个人心知肚明的秘密。

时间一天天过去了，人们来这个小小的公司办事的时候，发现这些员工之间彼此十分的尊敬和客气，没有其他公司那种常见的相互推诿、扯皮、踢皮球和中伤的现象，别人的事自己接过来就干，自己的事别人也替着干。而且他们外出办事的时候，也相互很团结，像一家人似的。总之，整个公司充满了仁慈、祥和的气氛。后来，这个公司的业务越来越多，人们不仅自己喜欢来这儿办事，而且还主动介绍他的朋友来这儿。短短几年，这家公司就发展起来了，年效益超过了2亿元。

其实，不仅仅是这5个人，生活中的我们都需要这样的"秘密":把自己当成别人，把别人当成自己。这样，自己的努力不仅会得到别人的认可，而且成功的步伐也因此越来越快。

>面试的“诀窍”<

侄子小康大学毕业，一直没找到工作。那天，他兴冲冲地给我打来电话，说有一家公司看了他的资料后，要他去面试。那敢情好啊，我叮嘱小康，好好准备，轻松上阵，一定会成功的。一个星期之后，我去小康家做客，他无奈地告诉我，上次应聘失败了，现在又找到了一家公司，明天就让他去面试。

我还没顾上说几句安慰的话，他却先向我倒起了苦水：“我这几年的大学算是白上了，上次就我们五个人前去面试，结果人家四个都聘上了，单单落下了我！”“是面试的时候紧张了吗？”我不解地问。“唉，不是。”小康更加郁闷了，“面试后我才知道，人家四个人在面试之前，对人的‘微表情’进行了细致深入地研究，这才是他们取胜的法宝！”

见我一副疑惑的样子，小康跟我解释道：“这‘微表情’啊，就是对方在听你说话的时候，下意识地表现出来的动作。比如，不赞成你的言论，对方就容易做出上嘴唇上抬，眉毛下垂，眯眼等动作。再比如，对方若抬高右边的眉毛，则表示他有疑问……”

“我这是好不容易才从他们那里求来的真经，”小康说，“明天就要面试了，我一定要好好观察考官的一举一动，适时对答辩进行调整。”

出于关心，我亲自送小康前去面试。一个小时之后，他出来了，我迫不及待地问他结果如何。小康面无表情地说：“还不知道，主考官让我回家等通知，看样子，没戏。对了，其中一个考官好像是你的同学，姓宋，他可能认出了我，还给我暗示了呢！”“咋暗示？”我问。

“我答辩的时候，他摇了几下头，这还用说，肯定是不赞成我的观点啊，我赶紧来了个一百八十度的大转弯，没想到他还是摇头……”

我越听越糊涂，这时从公司院子里走出来一个人，我仔细一看，正是老宋。一阵寒暄之后，老宋说：“我是临时被他们请过来当考官的，也压根不认识你这个侄子，哪有给他什么暗示啊？”“那你一个劲地摇头干吗？”侄子忍不住问道。老宋听后，一拍脑门儿：“哈哈，我老婆知道我今天当考官，非让我穿件新衬衣，可那领口太小了，真不舒服……”说着，老宋又晃了晃脑袋。

看着老宋远去的背影，小康长叹一声，说自己现在终于明白了，面试时的细节固然重要，但如果把心思全都用在了这些方面，实在有些偏颇。专业的问题、自身的能力，以及是不是这个岗位最有力的竞争者，应该才是招聘方最关注的。

> 你想错过星星和月亮吗 <

生活中，有些人一遇到不顺就说“如果……就好了”，其实“吃后悔药”就是一种不健康的心理，而且会让人越“吃”越后悔。在心理这中，“吃后悔药”被称为“反事实推理”，也就是人们假设一种与事实相反的情景。然而，现实世界不会因为假设而发生改变。因此，“反事实推理”带给我们更多的是悔恨等负面情绪。而且，我们假设的情况越容易达到，这种悔恨就越强烈。专家强调，“吃后悔药”是一种回避现实的态度。你越回避现实，越不敢面对，自己就越退缩，从而陷入一种恶性循环。你一步一步地退，最后只能掉下悬崖。

后悔，作为一种不良的心理体验，恐怕没有一个人敢说自己没有经历过。在漫长的人生道路上，人们都会因这样或那样的过失，带来某种悔恨的心情。对大多数人来说这种不良情绪很快就会消失，不至于影响身心健康。但现实生活中，有些人做了错事，事后悔悟过来时，常常自我埋怨，自我谴责，以致自我惩罚，心情十分痛苦、内疚和懊恼，陷入悔恨的泥潭中不能自拔，甚至失去了走向未来生活的信心。这种不良情绪必然会使人体免疫机能减退，导致多种疾病的发生。

因此，经常“吃后悔药”的人应该加强自我调节，克服这种不良心理，学会面对现实，尽量化消极因素为积极因素，使后悔转化为深刻的教训，不能让它妨碍我们的身心健康及对美好明天的追求。下面的几种方法或许对你摆脱悔恨心理很有帮助，有必要的话还可寻找专业的心理医生接受治疗。

1. 认同“往事已逝矣”。假如你已接受了这样一个观点，既然过去所发生的事情是无法改变的，无论如何悔恨也不能挽救已发生的事实。你可以试图在心中默记下面一句话：“悔恨不能还我过去，只会坑害我的健康。”这种思想会帮助你忘掉过去，消除悔恨。

2. 对自己说：“没关系。”在生活中，“没关系”这句满不在乎的话，超出了常人的想象而显露出神奇的超脱效应。一个人在生活中会遇到许多无关紧要的挫折，如果你无法解脱这些，那么你将一事无成。在遇上意外的挫折和失败时，你应学会对自己说“没关系”。如果你把“没关系”这三个字写在笔记本的扉页上的话，或最好刻在你的心上，那么挫折和失望就不会再去打扰你心灵的安静了。

3. 把“要是”改成“下次”。许多朋友遇到挫折时总是把精力放在“后悔当初”上。他们总是想“要是当初怎样怎样就好了”，

“要是当不那么干，现在就怎样怎样了”等等。不要再去想“要是当初……”应当把它改成“下次我应当如何”，这样就会起着一种积极的作用。不用悔恨，不是说导致挫折和失败的主观原因可以不分析、不总结，我们提倡寄希望于“下次”，是力求从“这次”中吸取经验教训，避免“这次”的错误再出现。

4. 学会反思。反思后悔的根源，找出造成失误的原因，淡化后悔的情绪色彩，积极采取补救行动。当我们因失误而后悔时，重要的是要在悔中求悟，要弄清楚自己办错事的原因何在，今后应如何避免，这样的后悔才有意义，也不会陷入悔恨的泥潭。因为这种深思反省不是老是纠缠于过去，而是放眼今后怎样少做后悔事。

5. 避免重蹈覆辙。在面临与过去相似的选择时，一定要仔细回忆过去失败的情形，积极地利用过去的经验，从而避免犯相同的错误。

6. 不要因生活中的一些细小过失而后悔。如果事事追悔，恐怕一个人一辈子都会生活在数不清悔恨之中。如果错已造成，且又无法弥补，要当机立断；汲取教训，以后不要再犯。这种很干脆的自我警告，比放在心里悔恨更有用。

7. 一个人也不要为没有取得预期效果而悔恨。我们在办一件事之前，总不可能准确地预测到究竟能否成功，我们总不能等把未来的一切前景都看清楚了，有了足够的把握时才开始行动，只要尽力而为，即使某些努力没有达到目标，这种努力依然是值得的，无须后悔。

8. 别让小后悔演绎大后悔。人生只有一次，时间不会倒流，世事也不可能重来。卡耐基说：“要是我们得不到我们希望的东西，最好不要让忧虑和悔恨来苦恼我们的生活。且让我们原谅自己，学得豁达一点。”泰戈尔有句诗：“如果错过了太阳，请不要哭泣，因为你还有星星和月亮。”在生活中我们难免会丢失一只小羊羔，但是亡羊之后，很可能会有鹿群从你眼前经过，不要让伤心的泪水蒙住了你的眼睛，以至于失去了人生中更多更美好的东西。且记：你已经错过了太阳，你还要错过星星和月亮吗？！

>特别难搞<

那是一个时间非常赶的通告，一个小时要完成推介、互动和采访。艺人统筹是个刚参加工作没两年的小姑娘，忙了两天后苦着脸来找我诉苦："别人都还好，就D不配合，特别麻烦，特别霸道，特别事儿，真是名不虚传！"

在娱乐圈里，D的确是出了名的"难搞"。拿这次通告来说，别的艺人参加活动40分钟，他只给20分钟，而且打了招呼"一分钟不耽误""到点就走"；别的艺人可以群访，D根本不参加，只给个别媒体留了专访时间，而且要提前三天拿到采访提纲；别的艺人对活动流程没有异议，而D却提出了很多修改意见。关键D还是主办方必须配合的艺人，几个回合下来就让小统筹招架不住，叫苦不迭。

与D差不多同时出道的另一位艺人Z就不同，他也参加这次通告，但是他就很好说话，对流程、问题、安排通通没有问题，小统筹掩饰不住对Z的欣赏："Z那样的多好，D这样的太烦人了！"

我说那可不一定，小统筹不明白。她经验还少，尚看不清这一行背后的玄虚。

等到了活动当天，大小事情都在紧锣密鼓地往前推进。在活动进行到D的环节时，非常顺利地过了，让所有把心提到嗓子眼的人都松了一口气。可是马上小统筹就急得满头大汗来找我，说Z那边出了问题，他对上台的位置不满意，对流程的安排不满意，对采访的环节也不满意，之前他一点异议都没有的地方，到了活动现场却花样百出。

幸亏准备了备用方案，又费了一番唇舌和周折，才把Z的问题最终解决。活动结束后，小统筹在一旁发呆，这样的活动筹备对她来说是第一次，却出现了这样让人意想不到的状况。虽然最后解决了，但心里的感受可想而知。

看着小统筹郁闷的表情，仿佛看到刚入行时的自己。

那时候我是多么讨厌D这样难搞的明星啊，事儿得要死，麻烦得要死，要求多得要死，所以我总是选择那些很好说话、很没要求、很不难搞的艺人合作。但是很快我就发现我错了，因为一旦事情发生，那些霸道的、麻烦的明星通常都很配合，而之前没要求、不麻烦的艺人常常会临时提出各种令人头疼的要求，而此时已经没有了更改的余地。

拿D来说，整个活动他的团队的确非常“难搞”，每一个细节都要了解清楚，觉得不合适的就提出修改意见，而他们提出的意见经常是主办方可能忽略的关键性的问题。尽管过程充满磨合和沟通，但D对整个活动的方方面面也是最了解的。从我的经验看，难搞的明星通常都是合作过程最痛苦，但合作结果最愉悦的。

“那Z为什么会这样？”小统筹还在为Z前后的判若两人耿耿于怀。

“艺人就是艺人，事先没要求并不意味着真正没要求。事到临头才提出来，只能说明他准备得不够充分。”事实也的确如此，比如我们提前三天就把活动场地、背景、布置现场图发给了包括D、Z在内的所有艺人，这也是D的要求，而Z却到了现场才发现自己穿了一件跟背景主色调几乎同色的服装，而D却格外醒目。

所以尽管差不多同时出道，而且Z的各方面条件似乎还要比D好，但现在的结果却是D已经成功跻身国内一线明星行列，而Z却依然在二三流中徘徊。

>做自己的贵人<

有的朋友，天天想着“啥时候遇见贵人就好了”，殊不知“你就是自己的贵人”，还用得着遇着谁吗？

在苏格兰，有位叫弗莱明的贫苦农民，他向来心地善良，乐于助人。一次，他正在地里干活，忽然听到附近的沼泽地里传来呼喊求救的声音，他立即扔掉手中的农具快速跑过去，把一个掉进粪池里的男孩及时救了上来，并帮男孩清理干净后送回了家。几天后，一辆亮丽的马车停在了弗莱明的家门口，一位彬彬有礼的绅士下车对弗莱明说，他就是被救男孩的父亲，这次是专门来道谢的，并准备给他很多钱。可弗莱明坚决不肯收下，并一再声明：“我不是想要您的钱才救您的孩子。”正在相互推让之际，一个小男孩进了弗莱明的屋，绅士看到后问：“这是您的儿子吗？”弗莱明点点头说：“正是。”绅士接着说：“那这样吧，既然您不愿意收钱，我也就不勉强了。可您毕竟救了我的孩子，这个情我必须还。这样吧，就让我为你的儿了尽点力，我打算资助他受到良好的教育。假如这个孩子也像您那样善良，那么，他将肯定会成为让您感到骄傲的人。”看到绅士非常有诚意，弗莱明也就答应了绅士的提议。因为在那个时代，一个贫苦农民的儿子要想和贵族的孩子一样受到良好教育是不容易的。

弗莱明的儿子就是后来英国著名的细菌学家亚历山大·弗莱明教授，也正是他于1928年首次发明了盘尼西林（青霉素）而闻名全世界。这个被弗莱明从粪池子里救起的那个小男孩，就是成了后来二战时期的英国首相丘吉尔。

一个善举，不仅救了别人家的孩子，也为自己的孩子铺设了“星光大道”的例子，不仅在国外比比皆是，不胜枚举，就是如今在国内也屡见不鲜。

王峰，是一个下岗到菜市场卖鱼的地摊小老板。这天，王峰正忙活着给一个顾客秤鱼，一位60多岁的老太太突然跌倒，立马引来不少围观，可没有一人前去扶一把。王峰赶忙放下手中的生意去扶大娘。可是，大娘好像得了什么病扶不起来，再看大娘的脸色铁青，呼吸急促，痛苦地呻吟着。“不好，大娘有危险，应赶紧送医院！”王峰顾不了多想，忙招呼旁边的摊主帮忙照顾，就下腰背起了老大娘往医院赶。其他摊主一旁忙说：“王峰，你和他非亲非故，放着自己的生意不做这不是自找麻烦吗？”王峰一边背大娘一边气喘吁吁地说：“你就别说了，救人要紧！”

经医生诊断，大娘得的是突发性心脏病。医生说多亏了送的及时，要不然老人就一定抢救不过来了。王峰拿出自己的钱替老人家交了押金，办理了住院手续。直到晚上，清醒过来的大娘才把家里的电话号码告诉了王峰。急得像上房梁的老大娘的儿女们赶到了医院，得知事情经过后，非常感激，除了还了王峰的垫资外，还掏出500元钱作为误工的酬谢。王峰仍一如既往“嘿嘿”，笑道：“垫资我收下了，其他的费用我不能要。因为，这事儿不管谁遇上谁都会伸手帮一把的。”

半个月后，大娘康复出院了。为了表达对王峰的感激之情，大娘领着儿女们，提着礼物来到菜市场找到王峰当面致谢。大娘的二儿子是早年“下海”的主儿，成了海南数得上的集团公司大老板，仅豪华大酒店就有二座。他见救命恩人王峰是搞海产品的，做小摊生意不容易。所以，一前躬身一礼道：“师傅，我老母亲的命假如您不及时施救没有了，我这里谢谢您了。这样子吧，给您钱您也不可能要，那么为了报答您，我这里有10万元钱，算是借给你的周转金，专门帮我进农副产品，货一到，你报什么价，我给什么价。赚了您还我，不赚算我投资不用还。”这时，王峰的地摊前围了里三层，外三层看稀罕的人。有的“啧啧”称赞：“真是好人有好报呀！”有的则叹为观止：“唉！这等好事咋没叫咱摊上哪呢？”接下来的时间，是王峰帮大娘的二儿子收购农副产品，生意一下子就干大了，一身的西装革履，南来北往地暂时且不说，还带动了一方经济的发展，得到了当地下政府和当地农民兄弟的高度评价。有人看到王峰现在如此的风光和如此一往的憨厚、诚实，说道：“王峰这是播下一颗爱心的种子，收获一片郁郁葱葱的森林啊！”

是啊，是谁播下一颗爱心的种子，迟早都会有回报的。有的立马就有回报，有的时机成熟了，晚些时候才报，有的甚至被误解，确实给自己额外找了些麻烦，但这绝对不影响“爱心种子”的本质功能，待误解消除的那一刻起，它的生命力要比平时强出好多，感染力更大。因为，人类崇拜光明追求爱心的欲望不管遇到什么障碍都不会消亡的。这，不是谁的预测，而是人类及大自然的法则，正可谓中国的先贤所言：“天行有常，不为尧存，不为桀亡。”既然，谁能阻挡不住，我们还对“好善乐施”犹豫什么呢？

>受欢迎的“万能员工”<

半年前的那天中午刚下班，市场部文员赵佳燕出去吃饭。结果发现前台没有来上班（为了公司不进闲杂人员，平时前台在大家去吃饭的时候，都是坚守岗位的），询问了一下人事部，才知道前台请了病假。赵佳燕知道公司很多同事都是大大咧咧的，中午出去吃饭时，办公室的门根本不关。因为担心小偷混进来作案，赵佳燕就让一位同事帮忙带份盒饭，她自己坐在前台的位置上值班。

老总很忙，一般是处理完自己手中的事情才出去吃午饭。他出去吃午饭的时候，中午下班已经二十多分钟，员工们都出去吃饭了，老总的办公室在走廊深处，他路过公司各个部门办公室的时候，发现几乎都是大门敞开，里面空无一人。让他很奇怪的是，市场部的赵佳燕一个人坐在前台位置上。老总问道：“你不吃饭，在这儿坐着干吗呢？”赵佳燕说明原委，老总笑了：“你想得很周到，很好，不过，一定不要耽误吃午饭啊！”

公司在写字楼的地下室二层租有仓库。当天下午下班的时候，赵佳燕走出写字楼大门，发现销售部的几位同事在大汗淋漓地从地下室往卡车上搬货物。赵佳燕感觉很奇怪："都下班了，你们还忙活什么呢？"销售部的同事说道："刚才一位老客户紧急要一批货，我们这不是赶时间发货嘛，准备装好后去火车站走铁路货运！"赵佳燕说道："你们销售部十多个人呢，咋就你这几号人当苦力，其他的人呢？"销售部的同事说："近期销售部很忙，大多数人都出差了。"赵佳燕见状就帮助他们搬运货物，一直忙到晚上八点才回家。

销售部经理很是过意不去，在申请加班费的名单上，写上了赵佳燕的名字。

加班费申请到了老总手里，老总感觉很奇怪："赵佳燕是市场部的员工，你们销售部加班，为什么给她申请加班费？"销售部经理把赵佳燕主动帮助销售部搬货的事情向老总汇报了一遍。老总听后，说道："嗯，确实应该给。"然后很愉快地在这份加班申请单上签了字。

半个月前，公司的行政部主管调到一个分公司担任分公司经理，出人意料的是赵佳燕被调到行政部担任主管。赵佳燕很是忐忑不安，她找到老总说："于总，我以前就是市场部的一个小文员，您突然把我提拔为行政部主管，我感觉胜任不了啊！"老总笑眯眯地说："小赵，你放心，我不会看错人的。你以前是市场部的文员，你给自己定位很好，本职工作做得也很优秀。但是，我更看重的是你‘补位’补得好，不管公司哪个部门缺人手，你都会积极主动地去帮忙去‘补位’，你对公司这么有感情这么有责任心，让我很感动，其实，行政部主管说白了就是一个公司的‘管家’，我觉得你特别适合这个职位。”

每位老板都很看重员工对公司的感情。当一名员工能处处为公司着想，公司的一些部门因种种原因而暂缺人手时，这位员工能够积极主动地“补位”，领导自然是很欣赏和信任的。

职场中，仅仅给自己“定位”准确还远远不够，能够积极主动地“补位”，你在职场中才会拥有更加广阔的“进步”空间。

>鞋店的细节<

朋友丽丽在市中心的繁华地段开了一家鞋店后，先后在几家鞋店开在了它的旁边，可是，一段时间以后，丽丽的鞋店愈发红红火火，其他几家店却关门大吉。

难道丽丽掌握了什么“经营秘笈”吗？一次闲聊中我无意问起她这个问题。

“要说我掌握了什么秘笈，我认为这秘笈就是细节。比如说试鞋镜。很多卖家尤其是卖男鞋的，出于节约空间的目的，或者认为没有必要太注重镜子的功效，设计试鞋镜时简简单单的做个小小的三角形的斜镜子，小气的只能照脚的那种，以为只要能照清鞋子上脚的效果即可。其实不然。我的做法是：镜子做成长120–140cm、宽 20–25cm 的形状，在离地 20–30 的墙面上安装，边框可包上一些图案。细长的镜子可以把人照得愈发地清秀与挺拔，宽短的镜子就肯定把人照的臃肿肥胖。这样设计，明明很粗的腿很大程度上显细，穿鞋的效果明显变好，本来很一般的鞋子都会变得不一般些。而且能照出全身衣服与鞋子的搭配来，购买的成功率自然就会大增。

“还有，摆放鞋款也是一门学问。我的原则是款式跟型类似的、价格接近的一起摆放，这样可以让款式价格一目了然。另外，可以采取一些非常规的摆法，侧面好看的就歪着放，跟精致的把跟朝向顾客，底版坚固的可以把面朝下，等等，一款鞋的哪个部位最有特点就让它充分展现，相同款式不同的颜色的，配上不同的摆法。颜色最好错开摆放，不要把相同的颜色摆放在一起，间隔开来就显得颜色丰富。”

丽丽是个实在人，一口气跟我讲了这么多，让我不禁对她竖起大拇指。

老子曾经说“天下大事，必做于细”，谁真正把一件事的细节做到极致，谁就是最后的赢家。这是我从丽丽做生意中得出的一个结论。

>有些事得让老板知道<

在公司里，你有没有遇到这种情况 明明自己很努力，可是老板看不到：明明这个方案是自己的功劳，可是老板却表扬了小李；明明自己的业绩最好，可是得到提升的却是老王。泄气吗？恼火吗？其实出现这种情况，肯定有上司的原因，当然也有你的原因。工作上当然讲究实干，但是干出成绩的同时别忘了自我表现，通过一些小细节让上司看出“你真行”！

接听电话时要面带微笑

有位心理学家，他在电话中向人道谢时一定要加上一个 90 度的鞠躬，而这对方是根本看不见的。或许你会觉得这种行为毫无意义可言，但事实并非如此。因为人都有一种对音调变化的辨别力，当你在鞠躬时姿势会变声调也会变，对方能从声调中感觉到你的动作。所以在打电话时，如让对方产生良好的印象，最好是在谈话时露出点笑容。

当电话铃声响起，你要尽量比别人先接过电话，这种抢先行动，会给人留下你干起活来反应敏捷又有活力的印象。但有一点一定要注意，一旦接起电话，一定要把电话内容记清楚。

发表意见时大声讲话

大声讲话是一个人自信的表现，自己认为正确的东西就应大声讲出来，哪怕是在聊天，也不要忘记这一点。

上司下的命令复述一遍

我们常有这样的体会，当我们打电话给对方时，如果没听到任何回答，或是任何表示时，会有一种很不愉快的情绪，对方没听到我说话吗？或是对方根本就不在乎，其实这种体会不仅在电话中，和别人面对面交谈也一样，总是希望对方有所反应才好。

如果上司命令下属去做事，而下属能够把上司的话提纲挈领地再重复一遍，做事的效果将会更好。也就是说，像“您所说的意思，是不是这样……”的重复，也许会让你的工作收到意想不到的效果。

向上司汇报时，先说结论

由于我们处在一个激烈竞争的年代，上司往往都很忙碌，所以在这样的情况下，下属就不要把工作过程或理由做长时间的说明了，你唠唠叨叨的只能让上司觉得好像有一百只苍蝇在面前飞来飞去。

尤其是在工作失败的时候，更应该直截了当，一个做上司的人，并不想听你的辩解理由，而是更想知道结果。至于失败的原因，就留着以后慢慢报告吧。向上司申请时尽量使用带尾数的数字，我们虽然不是经济学家，但是这种策略具有很高的实用价值。在日常生活中，要学会尽量把数字精确到尾数。而且，如果能够把这些尾数像每日三餐一样惯用，上司就会认为你非常精明细致，增加对你的好印象。同时，信赖度也会提高。

有一位部门主管想向他的上司申请一笔资金，上司仔细看了申请报告后问他："为什么不申请100万元，偏偏要申请93.9万元"，这位部属回答，"目前93.9万元就够了，太多无用"。上司被这位部属能够计算出带尾数的严谨态度所感动，立刻批准了申请。

诸如此类小细节，请你细心检查，如果有疏忽，那么就迅速完善。如果你已经一条一条在改善，那么相信不久的将来，你的工作业绩一定会迅速受到老板的关注，你也会成为老板眼中最"行"的人。

> 走好人生的每一步 <

1946年12月2日他出生于意大利的雷焦卡拉布里亚，父亲是推销员，经常在外奔波，母亲在家开了个裁缝小作坊，她是一个对服装极有天赋的女人，可以不用任何纸样，只需在布上标一些记号便可裁剪成衣。所以他从小在妈妈工作气氛的熏陶下，表现出对时装制作的极大爱好，9岁时，他在母亲的协助下设计了他有生以来第一套礼服，中学辍学的他就留在母亲的裁缝店帮忙当助手。然而在他成长的那个穷乡小镇，爱好毕竟不能当饭吃，25岁的他到米兰学习建筑设计。

后来发生了一件事，成为他创业生涯的一个契机。一个成衣商登门请他制作几套服装，他初试身手，便一举成功，使那个成衣商的营业额猛增了4倍，作为奖励，他获得了一辆大众甲壳虫型轿车。这次空前的成功使他放弃了所学的建筑业，一发不可收地全身心投入到时装事业中，不甘居人下的他于1978年创立了第一个以他的名字命名的系列服装，推出了他的首个女装成衣系列。

对于女装的设计，他有着自己另类的设计风格，他把设计升华为艺术，他认为“女人就是女人”，这种观念使他着力表现女人性感的一面，曲线优美的造型。

不久，他看到摇滚音乐在青年中的影响正不断扩大，便又抓住这一契机，与摇滚乐明星搞联合，推出了摇滚服，一举大获成功。

有市场就会有竞争，他除了在广告中花心思外，还有自己独特的“武器”，那就是：快而新。他曾经亲自督促，在5周的时间里完成设计、制造和运输上市了一种用高技术PVC织物做成的牛仔裤全过程，创下了服装史上的新纪录，为自己赢得了一定份额的市场。

为了让自己的产品不通过中间商而直接与顾客见面，他在纽约、伦敦和巴黎这些大城市建立了公司和零售商店。心思细腻的他，还把目光放在了名人明星身上，如戴安娜、妮可·基德曼、史泰龙、麦当娜等，他都亲自为之量身制作，为这些人创造了最时髦生活方式的同时，自己也进而成为了国际豪华时装秀最积极的策划者和参与者，把自己的品牌推向了世界。

他极强的先锋艺术特征，魅力独具的文艺复兴格调，以及具有丰富想象力的款式，渐渐为世界各地时尚人士所推崇。美国《商业周刊》这样评价他：“他在时装市场的激烈竞争中几乎每一步都占据了优势，在零售方面优势更强。”

1983年，他获得柯蒂沙克奖；1986年，他获得意大利总统授予的“共和国荣誉”奖章；1988年他被“CuttySark”奖评选为最富创意设计师奖；1993年他获得了有时装界奥斯卡美誉的美国国际时装设计师协会大奖；2009年世界品牌500强排行榜中，他的名字赫然在列。

如今，以他的名字——詹尼·范思哲命名的詹尼·范思哲品牌，已不仅仅是服装，他还经营香水、眼镜、丝巾、领带、内衣、包袋、皮件、床单、台布、瓷器、玻璃器皿、羽绒制品、家具产品等。范思哲代表的是一个品牌家族，一个时尚帝国。他的时尚产品已渗透到了生活的多个领域，独特的美感，极强的先锋艺术表征让它风靡全球。

詹尼·范思哲凭着对时装完美、极致的热爱，将这个只经历了短短一二十年的品牌发展成为了能与阿玛尼、古琦和瓦伦蒂诺齐名的意大利四大时尚品牌之一。

＞做好失败的准备＜

有一次，百度董事长兼CEO李彦宏应邀到上海交通大学演讲。大学生们都想分享李彦宏的成功经验，谁知他给下面坐着的上千名学子当头浇了一盆冷水：创业并不是一件很容易的事，不会一帆风顺，大学生创业不成功的比例高达97%。

站在演讲台上的李彦宏很严肃。他说："一个没有准备失败方案的人，永远不会成功。"

李彦宏的这句话从此成为"经典"，如同他掌控的百度公司一样。

众所周知，百度最初的成功，得益于简单的赢利模式，对一些词汇搜索结果排名进行竞价销售，这种竞价排名模式为百度带来滚滚财源，但李彦宏突然决定更换搜索规则，不再以竞价来排名，而是以"用户的点击量"来排名，李彦宏认为只有坚持这样的价值，百度才有可能赢得更大的市场。李彦宏的决定遭到了百度公司的集体反对，但李彦宏说："谢谢你们把所有的风险告诉我，让我更有信心做这个决定，我只有一句话留给你们——成功了，你们是功臣；失败了，我来担责任。”

到目前为止，李彦宏没有透露当时他为自己准备的失败方案，但是，百度公司的一位高层认为，李彦宏肯定会承担起失败的一切，因为他有接受失败的实力。不过，失败没有到来，反而是更大的成功，不久，百度营业收入飙升了四成。

成功每个人都能承受，但失败并不如此。当一个创业者准备失败，并且知道失败后将产生怎样的后果，这样才会竭尽全力考量各项决策是否正确，才会尽量规避可能的风险，为自己留下东山再起的各种资本。

在西方管理咨询行业，有一句行话：只有准备失败的方案才有可能是成功的方案。咨询公司除了给客户提供成功方案外，还会为客户提供一份详细的关于失败结果的描述。而国内的一些管理咨询公司，提供给企业的全部是成功方案，如果同时给他们描述失败结果，他们不会接受，因为他们只愿意成功，因为他们只有承受成功的实力，而没有承担失败的实力。恰恰是这些企业家，最终败得一塌糊涂。

第二次世界大战中，盟军胜利登陆诺曼底之后，最高统帅艾森豪威尔将军发表了激情的演讲：“我们已经胜利登陆，德军被打败。这是大家共同努力的结果，我向大家表示感谢和祝贺！”但史学家披露一则史实，在登陆前，艾森豪威尔除了这份讲话稿之外，还准备了一份完全相反的讲稿，其内容是这样的：“我很悲伤地宣布，我们登陆失败了。这完全是我个人决策和指挥的失败，我愿意承担全部责任，并向所有的人道歉！”

盟军登陆诺曼底为什么会胜利，其实艾森豪威尔做了大量作战失败的准备，包括他准备的最后没有公布于众的“失败演讲”。如果解密诺曼底登陆，人们会发现，艾森豪威尔同时把失败作为了战略内容。一个已经在研究失败可能的统帅，会从客观上剔除失败的种种可能，反而能更好地保障成功。

高尔夫球名将黑根在介绍自己成功的经验时说，他在每打一局球之前都准备打五六个坏球，待比赛中真的打出坏球时，就不会破坏自己的情绪。有了这种思想准备，他的心态反而非常好，成为世界著名的高尔夫高手。

一心想成功的人，对任何事情往往不会向失败的方向考虑，这些人，往往会成为最容易失败的人，而且一旦失败，连心情和斗志也输得精光，甚至一蹶不振。

不怕做不到，就怕想不到

[第三辑　成功就是多想一步]

如果没有他多想的那一步
已空置 26 年的金靴子奖
估计还得继续空置

>成功就是多想一步<

1849 年，美国加利福尼亚州发现金矿，数百万人拥向那里淘金。一时间，加州淘金人水源奇缺、生活艰难。他们中的大多数人并没淘到金，17 岁的农家女雅姆尔也没有。不过，细心的她却发现远处的山上有水。于是，她在山脚下挖开引渠，积水成塘。然后，将水装进小木桶，每天跑十几里路去卖水，做无本的生意。有人嘲笑她放着金子不淘却去卖水，但她不为所动。许多年过去了，大部分淘金人空手而归，而雅姆尔却靠卖水赚得 6700 万美元。

有位以乞讨为生的盲人一天到晚不停地奔走，才能勉强不饿肚子。他想："这样下去，等走不动了，不就得饿死吗？"一年春天，他来到一座美丽的海滨城市，听见处处都是欢声笑语，突然来了灵感，写了个牌子放在面前："春天来了，可我什么也看不见！"那一天，他讨到了全年的饭钱。

看一档电视创业竞赛节目，几位参赛选手被要求去大街上向陌生人推销洗涤液，两小时内谁卖出的数量最多谁就获胜。第一位选手逢人就将对方拦住，然后解释这种产品如何好使，但很少有人听他解释，就算听也是应付一下，礼貌地回绝后匆匆离开，结果他一瓶也没卖出去；第二位选手专门拦中老年妇女，细心说明这种产品是浓缩式高级洗涤液，不仅可以洗碗盘还可以洗衣服，有位大婶慷慨地买了一瓶；第三位选手摆了个摊高声叫卖，围观者倒有不少，但乐于掏腰包者却寥寥无几，有人甚至把他当成街头骗子，他也只卖出一瓶；第四位选手除耐心解释产品功能外，几乎是向人家祈求，无奈之下甚至干脆告诉对方自己正在参赛，恳请对方帮个忙，结果也只卖出一瓶；第五位选手到街上巡视一番后，径自走进路边一家餐厅，然后请餐厅老板出来聊了会儿，结果他在两小时内卖出了一箱 (20 瓶) 洗涤液。

最终，第五位选手以绝对优势成了获胜者。他没有被固定思维限制住，而是打破传统思路，用最快捷的方式选准对象，饭店是大量需用洗涤液的地方，而别的选手却没想到，他们盲目地向路人推销，成功率自然要低得多。

创建于 1927 年的布鲁金斯学会是美国著名的综合性政策研究机构，与美国企业研究所同为华盛顿的两大思想库。克林顿当政期间，他们出了这么道题目：请把一条三角裤推销给现任总统。8 年间，无数个学员为此绞尽脑汁，可最后都无功而返。2001 年，克林顿卸任后，布鲁金斯学会把题目换成：请把一把斧子推销给小布什总统。

学员们普遍认为这道毕业实习题会和克林顿当政期间一样毫

无结果，因为总统什么都不缺，即使缺也用不着亲自购买；退一步讲，即使亲自购买，也不一定正赶上你推销的时候。可有位叫乔治·何伯特的推销员却不这样认为—他认为把斧子推销给小布什是完全可能的，因为小布什在得克萨斯州有个农场，那儿种了许多树。

于是，他给小布什写了封情真意切的信：“有一次，我有幸参观您的农场，发现种着许多矢菊树，有些已枯死，木质已变得松软。我想您一定需要一把小斧头，但从您现在的体质来看，这种小斧头显然太轻，因此您仍需要一把不甚锋利的老斧头。我这儿正好有把这样的斧头，是我祖父留给我的，很适合砍伐枯树。假如您有兴趣的话，请按这封信所留的信箱给予回复。”没想到小布什竟真的给他汇来15美元，买走了那把斧头。2001年5月20日，布鲁金斯学会把刻有“最伟大推销员”的金靴子奖颁给乔治·何伯特，这是自1975年一名学员把一台微型录音机卖给尼克松后又一学员获此殊荣。

乔治·何伯特的成功在于他比别人多想了一步：他想到了小布什位于得克萨斯州的农场以及那些已经枯死等待砍伐的矢菊树。他不仅用情真意切的语言打动了总统，还用充分的理由说服了总统，最终成功地把斧头推销给了总统，而这一切都源于他多想的那一步。如果没有他多想的那一步，已空置26年的金靴子奖估计还得继续空置。他的成功再次证明一个古老而简单的道理：不怕做不到，就怕想不到。

> 德国的家庭教育 <

2011 年，我作为交换生，前往柏林贝塔 · 苏特纳进行了为期一年的学习。由于我是家里的独子，出国前，父母十分忧心我的安全。爸 爸经过多方打听，找到了一个住在德国柏林的好友琼斯，恳求她做我的“租赁妈妈”。到德国后，我便暂住在琼斯阿姨家。

琼斯阿姨在德国做生意，家境富裕。她有个儿子，叫卢瑟，今年 15 岁，就读于贝塔 · 苏特纳中学。卢瑟心地善良且开朗活泼，闲暇时常带我出去玩，我们很快就成了好朋友。

周末，卢瑟准备带我去博物馆玩。早上，吃完早餐后，琼斯阿姨按照惯例给卢瑟发零花钱。她先给了卢瑟 30 欧元，又对我说：“你是我们家的贵客，今天阿姨就提前支付给你 500 欧元，但这些钱会从你以后的劳动中一一扣除。”

“啊，不会吧，还要靠做家务赚零花钱啊？”我惊奇地问。

“哈哈，是的。你刚到这不久，以后就会知道德国与中国的不同了。”

“怎么才给卢瑟这么点儿？”我心里一阵嘀咕。

卢瑟似乎猜出了我的心思，拉着我出了家门，在路上解释道：“这周我陪你到处玩，没做什么家务，能够拿这点钱，妈妈已经格外开恩了。”

游玩回来已是晚上，我感觉很累了。谁知，卢瑟刚到家就系上围裙，跑到厨房里去洗碗。我惊诧地问：“你这么累了，还洗什么碗呢？先去睡觉，明天再洗吧。”

“不行，洗碗是我的工作。要是不做，我就要受处罚了。”

“这是为什么？”我不解地问。

“在我们德国，孩子从 6 岁开始就必须帮助父母干家务，这是法律规定的。我们要是拒绝做家务，父母就会去法院起诉我们。再加上，我要用零花钱，就必须劳动。”

“那样子的话，你不是很累吗？”我担心地问道。“有点累。不过，难道你父母工作挣钱的时候不累吗？”卢瑟反问道，“既然父母干活也累，我们怎么可以怕累呢？”

听完，我的脸顿时就红了。因为平时我在家，可谓是小皇帝，饭来张口，衣来伸手，从不做家务的。

翌日，琼斯阿姨在餐桌上说：“从这周起，卢瑟负责清洗餐具、收拾房间、外出购物和擦洗全家人的鞋子；水墨刚来德国，只要周末负责为花园里的各种植物浇水、翻土以及擦洗汽车就好了。”

然而，周末一向是我的懒觉日。转眼到了周末，我将琼斯阿姨布置的任务忘得一干二净。等到起床时，已经临近中午了。午餐时，琼斯阿姨并没有指责我，只是默不作声地吃着饭。见状，我心想：可能她不会计较的，毕竟我是他们家的客人嘛！

从那以后，接连几周，我都没有碰过家务，连之前偶尔帮助卢瑟的热情都没了。卢瑟每次见我太阳晒到屁股才起床，似乎想对我说些什么，却又欲言而止。

终于，让我惊诧的事情发生了。那天，我在教室上课，一个穿制服的叔叔来找我。他对我说，因为拒绝做家务，现在你受到了法院的传唤，将面临长达10页的指控。

听到这个消息，我吓得差点晕过去。虽然，我只是寄宿在琼斯阿姨家，但也好比是她的孩子。对于不愿意做家务的孩子，德国父母真的会向法院申诉，以求法院督促孩子履行义务。

最终，我去法院领回了一张500欧元的罚单，并写下了保证书。见我满脸愧色地回到家，琼斯阿姨安慰道："你不要见怪，我去过中国，也知道你们中国父母的想法。他们认为，不让孩子做家务是爱孩子的一种表现。可是，在我们德国人眼中，这却是害孩子。我们认为与其让孩子做寄生虫，不如教给他们劳动的技能，这样他们长大之后才能有出路，才能找到自己的饭碗。"

我点点头，心想：尽管德国父母有些做法"不近人情"，但的确目光长远，毕竟薄技养身，与其让自己的孩子将来做寄生虫，不如现在就养成劳动的好习惯。

>后悔大学时没能……<

上大学时，总有过来人用后悔不迭的语气对我说：“如果重回大学，我一定会发奋读书、拼命蹭课、苦练口语、天天泡图书馆……所以趁着你还没毕业，一定要珍惜校园时光，好好学习。”每每听完，我都会若有所思地点点头，然后认认真真地听完一节专业课，但当晚回宿舍就原形毕露了，好玩的视频一个也不落，泡网的时间没有缩减反而增加了……我也曾惴惴不安，心想不好好学习是不是真的一定不会有好下场。真正工作以后，我却对前辈的那番言论有了另一番看法。

在工作中，除了会计、法律这些专业性非常强的职业领域，课堂上学的东西能直接拿来就用的少之又少。在职场初期，无论从事什么行业，都需要快速学习、沟通协作、逻辑思辨这样的软实力，这些需要在象牙塔以外的生活中锻炼和摸索。比起大学没有好好学习，更让人悔之不及的是没有抓住一切机会去认识职场和社会。

所以，我想说的是如果我的大学重新来过，我会去超市做导购，去餐厅刷盘子，去肯德基或麦当劳打零工，去便利店打工……这些都是我上大学时不屑去干的，因为我觉得这些事既费力又不赚钱。但是，在工作了一年半后，我突然发现了这些体力活的意义。

去超市做导购，看上去没有任何技术含量，其实是积累“终端销售经验”的过程。我现在从事营销咨询行业，做得越久，越明白市场一线实战经验的重要。一次我和做过导购的朋友一起逛街，买化妆品的时候，她硬是帮我跟导购要了两份赠品，赠品的价值甚至超过了我的购买金额。我观察了整个过程，我的朋友只说了关键的两句话。一句是“大家都是学生”，这样一下子拉近了与同为学生的导购员的距离，继而彼此迅速熟络，这是我那朋友在做卖场导购时学到的销售技巧。另一句是“可以给的，我也干过导购”，表明她知道导购的权限尺度在哪里，让对方不要再拿“公司规定”作为拒绝多送赠品的理由。

去餐厅刷盘子。不是为了所谓的“体验生活”，而是学着放低姿态。大家都说应届生往往眼高手低。什么叫“眼高”？就是觉得一切都应该是唾手可得的：舒适的环境、优厚的薪水、响亮的头衔、高额报销的差旅费用……等到真正步入职场，发现一切都不对头：加班竟然没有加班费？出差竟然住经济型酒店？打印、扫描这样的琐碎活儿居然让我一干就是好几个月？心里的落差哗就落下来了，这也不爱干那也看不惯——这就是“手低”了。

应聘现在的公司时，总监看着把“向往”二字写在脸上的我，语重心长地说："这个行业不像外界想象得那么美好，灵感来了、创意涌现的时刻是美好的，但更多时候是创意被毙、方案不被认可的痛苦。"我那会儿光想着赶紧来这个 Loft 式的办公室上班，所以一个劲儿地点头说："我知道我明白，但我就是想来。"来了才知道，Loft 不光是用来炫耀的，还得在里面吃着盒饭加班到深夜。令人啧啧赞叹的广告创意背后，是被客户逼得想骂人；穿得人模狗样接待政府高官背后，是打过无数电话确认、改了一遍又一遍的日程表……如果在大学里学会了放低姿态，职场初期就不会因为对工作的幻想破灭而频繁跳槽，然后跳来跳去发现天下乌鸦一般黑。

去肯德基或麦当劳打零工。你会知道课本上说的"连锁经营模式"到底是怎么一回事。亲身体会到制度的力量是多么强大，强大到即便员工流水一样地换，还是家家爆满，大把大把赚钱。大学时我也有同学在麦当劳打工，我们也会羡慕他们的员工折扣，而且不用点餐就能拿到各种小玩具。后来，我陪一个同学上过一次夜班，看到他一丝不苟地干着拖地、擦桌子这些体力活，我突然觉得有点虚幻，清醒过来后就开始为他一小时几块钱的薪水鸣不平，可他只是笑笑，一边干着活，一边给我讲这家麦当劳的毛利和纯利各是多少、为什么不同的人做出的汉堡都是一个味道以及各种烦琐却被严格执行的制度……我突然觉得，这个家伙的未来一定会像我手中的薯条一样，金光灿灿的。果然，暑假时他用在麦当劳打工赚的钱去川藏旅行了。后来，他用打各种零工的钱，在假期陆续旅行了滇藏线和新藏线。毕业后，他凭借丰富的户外经验，顺利进入拓展培训公司，做了自己喜欢的工作。

去便利店打工。不是为了有电视广告里那种艳遇，而是早早地开始观察社会生活的众生相。毕业时，别班一个女生去了西部支教，成为当时系里一个热门话题。后来我们在网上遇到，我问起原因。她说大学她在便利店打工时，早上总有衣冠楚楚的小白领急匆匆冲进便利店买早餐，又冲出去赶车上班；中午，附近的上班族来买便当，只买一个酸奶喝了了事，不知是减肥还是省钱；临近夜里 12 点，加班结束的人们一起来吃关东煮当夜宵，边吃边比较谁的客户更变态……看到这些，她就觉得华丽的写字楼里有着一点也不华丽的生活。雨雪天的时候，总有人进来待很久，临走却只是买点纸巾之类的小东西，她心里很清楚他们是进来避雨或取暖的，也读得到他们付钱时脸上浅浅的尴尬，但仍会默默地收钱装作没看出来，甚至给他们一个微笑。毕业后她没有去当小白领，而是选择了自己认为更有意义的生活。现在，她正在自学非营利组织机构管理，希望长期从事 NGO 事业。

我现在才知道，那些沉醉于“后悔大学时没能……”的过来人其实是在为自己的现状开脱。生活从来都没有体验版，我们能做的就是不断给上一个版本打补丁，随时更新自己，让此时此刻的人生版本变得更好。

>节约一块钱<

我跟王威是同一批进入保险公司的。刚开始我们被分在不同的团队，互相不认识。后来公司说为了安全，要男女合作出去做市场调查。大家都选好了伴出去，我跟王威是最后剩下的两个人。没办法，我们俩就凑合着成了合作伙伴。

王威很高很瘦，两条腿老长老长。他走的一步相当于我走两步了。虽说我是长沙人，可一直对长沙不是很熟，所以每次出去我总要求坐公交车。可王威不同意，说不是很远就走过去吧。因为是合作伙伴，我只能无奈地跟着他走路。我边走边埋怨，可他总是笑嘻嘻地跟我说着他以前的生活。

王威说他以前是个厨师，最喜欢的就是赌博。辛苦工作一个月赚来的钱，一个晚上就输光了。他乐此不疲地过着这种生活，直到发现身边再没有一个人关心他吃没吃饭，穿没穿暖，这才终于醒悟过来。决绝地离开了那个城市，那个有着一帮赌友的城市。来到长沙后，一切都是新鲜的，却又都那么困难。他使劲地炒菜，每个月还是赚不上多少钱，这离他光荣回家的目标相差甚远。

王威听朋友说，跑业务可以赚很多钱，在他看到保险公司诱人的招聘启事后，就毫不犹豫地辞职来做保险业务员了。说到这些事情的时候，我可以看到王威眼角放出的光，照得我的心通亮。

走路的次数越多，我的抱怨也就越多，我总说赚钱也不靠这一块钱啊。王威还是笑嘻嘻地说："节约一块是一块，说不定这一块钱会有更大的用处呢！"我心想，小气就小气吧，还找什么借口啊！

可是到吃饭的时候，王威却一点也不含糊，每餐至少要吃一大盘蛋炒饭。我说："随便吃点面包什么的吧！你不是说节约一块是一块嘛！""饭怎么可以节约呢？只有吃饱了才有力气做事啊。"他边说边大口大口把蛋炒饭扒进嘴里。

"那为什么坐车的钱就该节约呢？坐车比走路快，都说时间就是金钱，节约了时间不就等于节约了钱啊！"我不死心地问。

"这不同啊，我们做市场调查在哪都行，根本没目的地。与其坐车，还不如一边走，一边找合适的地方做调查。而且走路既锻炼了身体，又欣赏了风景，还能多多熟悉这个城市，不是很好吗！"王威又是一副嬉皮笑脸的样子。

每次跟王威出去，他总是不允许我买一些小玩意，每次的理由都是同样一句话"节约一块是一块"。我的耐心被他彻底地消磨尽了，我不喜欢如此小气的男人。我不再跟他一起出去做调查。每次看他一个人留在公司，我就有一种报复的快感。

有一次我去河西见一个客户，由于不熟悉路，我一趟趟地坐着公交车，不停地倒车，不停地坐错车。当我终于费尽周折到达目的地的时候，客户给我打来电话说，他在河东！我知道我被人耍了。一个人沮丧地站在街头，掏出身上仅剩的一块钱欲哭无泪。没办法，我只好硬着头皮给王威打电话。王威很快就到了，一到就一个劲儿地数落我。说我一个女孩子怎么这么大胆到处乱跑，都不会算好钱再行事。

数落完，王威就带我回去了。结果他只坐了一趟车，然后走了一段路就到了。我不得不佩服他，“怎么你连河西的路也熟悉啊！”“为了节约，我可是每天都研究地图呢。你看今天这一块钱就很重要吧！”

那之后，我开始安心地跟着王威走路，不再抱怨他小气了。跟着他，我基本上熟悉了长沙的大街小巷，熟知了各个公交车的线路。每次出门，能走路的我决不坐车，能坐一趟车的我决不会坐两趟车。

现在，我虽不在保险公司上班了，跟王威也很少见面，但是他那句“节约一块是一块”一直在我生活中扮演非常重要的角色。我知道这不仅仅是为了省钱，而是一种生活的态度，一种量入为出、精打细算、脚踏实地的生活态度。

> 开公交车的父亲 <

从大四下半年开始，我穿梭于各种人才招聘会，给每一个摊位送上应聘材料，作自我介绍，留下联系电话，然后回学校等通知。令人失望的是，基本上是剃头挑子一头热，肯回信的公司寥寥无几，偶尔去参加面试也是陪太子读书，不是竞争对手过于强悍，就是岗位人选早就被内定了。

半年奔波下来，已经毕业的我两手空空。眼看着几个家庭颇有背景的同学在宿舍里稳坐钓鱼台，我打心眼里对“中国就是一个熟人社会”这一灰色论调有了切身的体会。

父亲打来电话，说大城市就业竞争压力自然比较大，还是实际一点，回到咱们小城里试试吧，也许会好点。再说，回到家里有住有吃的，就是暂时找不到工作也不着急。

没有办法，我只好听从父亲的建议回到家乡，但对找到一份理想的工作几乎不抱希望。我的家庭只是个普通的工人家庭，没有有权有势的亲戚朋友。我的父亲是名公交车司机，他一辈子的工作场所就是狭窄的驾驶室。一切，还要靠我自己。

每天我都买报纸看招聘广告版，但是几乎找不到跟我专业对口的岗位。在金融危机祸及全球的情况下，用人单位对招聘人员的苛刻程度超出了我的预期，更何况我学的本来就是冷门专业。后来我找了家快餐店送外卖的工作，先赚些钱，一有时间还是奔波于各种招聘会上。

让我意外的是，在去齐鲁春酒厂应聘的时候，他们的人力资源部主管竟盯着我看了好一会儿："如果我没猜错的话，你姓乔对不对？"我一边惊讶地点头，一边快速回想是否在什么场合见过他。"不用想了，我们根本没见过面。我知道你姓乔，只是因为你跟你父亲长得太像了。"我问："你认识我父亲？"他点点头："当然。"

虽然最终因为专业相差太远，我又一次遭到了淘汰，但父亲也有熟人这一事实让我对自己的前途陡然有了新的希望。回到家里我问父亲："你再想想，是否有能帮上忙的熟人？"父亲想了老半天，坚决地摇摇头："没有。真的没有。"

事实证明，父亲说了谎。海尔销售部门的一位经理就很突兀地问我："你父亲还在开4路公交车吗？"我回答说开4路公交车已经是很早以前的事了，后来他又开过32路、16路，50岁那年公司调整，让他到后勤部门工作了。他点点头："是啊，日子过得很快，十几年前的事了。"

灵光一现，我及时抓住这根救命稻草套近乎："我父亲还经常跟我提起您呢。”他哈哈大笑：“怎么会呢？我认识他，他却并不认识我。”

虽然我碰了一鼻子灰，但在随后的招聘程序中他仍对我很是关照，最终，我顺利得到了那份工作。在以后的工作中，他时不时地鼓励我：“有其父必有其子，你父亲就是一个热情勤恳的人，我相信你也错不了。”回到家里跟父亲谈起部门经理，他还是沉吟了半天摇摇头：“真的不认识。”

渐渐跟经理熟悉了，我忍不住提出心中的那个疑问：“你真的认识我父亲？”他点点头：“是啊，当年我几乎每天都坐他开的车呢。他不就是那个乘客上车就说‘早上好’，下车时会说‘一路平安’的乔师傅吗？那个时候，我们这些乘客都特别喜欢他，像他这样彬彬有礼的公交车司机，恐怕在整个青岛都绝无仅有的吧？每天坐他开的车，心情也格外好。你的样子，跟他年轻时很像，所以一见面我就认出了你。”

原来父亲的热情爽朗，以及对工作的无比热爱，感染了身边的每一名乘客。就是从那以后，我开始对遇到的每一个人微笑，跟大楼的保安打招呼，跟小区的大妈拉家常，跟每一名客户或非客户彬彬有礼，给每个认识或不认识的人以尽可能的帮助。我想这应该感谢我的父亲，是他以实际行动告诉了我：你不可能认识每一个人，但有可能让每一个人都认识你。

>人生的第一堂课<

我从师范大学毕业，顺利地通过了市教育局组织的教师统一招聘考试，并被分配到一所市属中学。根据规定，到学校之后我只要成功试讲一堂课，就业的问题就算大功告成。因此，我对这次试讲格外重视，不仅在个人形象上下了一番功夫，从头到脚焕然一新，还详细设计了讲课时的神态、语调及手势。

因为事先做了充分准备，试讲时我显得游刃有余，发挥出色。果然，在初二·3班的课堂上，我只讲了约20分钟，就被现场听讲的李校长用手势打断了，他高兴地说："祝贺你，小王。不难看出，学生们的注意力已经完全被你吸引。这第一堂课，你成功了！"

虽然对自己的实力很自信，但心里还是有些意外，第一堂课这么顺利就通过了？就在这时，台下有位男同学站了起来，说："李校长，请让王老师和我们互相认识一下吧！"他走上讲台，把一本学生花名册递给了我。我不禁暗笑：这一定是校长和学生一起演的双簧，想看看我的临场反应能力。毕业前，一位学长曾特意提醒过我，给学生上第一节课时，点名大有学问，因为现在的一些家长好用生僻字给孩子起名，要是点名时当场念不出来或者念错了，岂不尴尬？不过他也教了我一个窍门……

果然，点名点到一半的时候，问题出现了：一位叫“闻琛”的同学难住了我。这个“琛”字，我弄不清是念“shēn”还是念“chēn”。我一边庆幸自己早有准备，一边跳过继续点名。点着点着，又出现了一个“覃力豪”。这个“覃”字，好像念“tán”，好像又不是，于是我干脆又跳了过去……终于点完了，我有些沾沾自喜地问：“哪位同学没被点到？请举手！”果然有两位同学举手，一男一女。我先问那位男同学：“请问你叫什么名字？”他很响亮地回答：“我叫 tán 力豪！”不知是不是因为他的普通话不太标准，把自己的名字念成了“弹力好”，同学们竟哄堂大笑。我点点头，装模作样地查了查花名册，说：“噢，tán 力豪，对不起，我找到了，在这里。”然后又幽了一默，说：“弹力好，你这么高的个子，弹力又好，说不定将来能当个跳高运动员，在世界赛场为国争光呢！”我想同学们又该哄堂大笑了，可他们这回竟一点都没笑。我又问那位女同学：“那你叫什么名字？”“闻 shēn。”她声音很低，怯怯的。“文身？”尽管觉得这名字有些怪怪的，但我还是装模作样地在花名册上又“查”了一遍。

接下来，我想该是我的“就职”演说了。可还没开口，闻琛又举起了手，我便问道：“‘文身’同学，你还有什么问题吗？”她站起来说：“王老师，我不叫闻 shēn。”一句话，说得我如坠雾里—她不叫闻shēn？什么意思？还没容我发问，她又来了一句：“刚才那位同学也不叫tán力豪，他叫覃(qín)力豪，我叫闻琛(shēn)，你刚才把我们的名字都念错了。王老师，对不起！”顿时，班里的气氛变得特别沉重。我站在讲台上，尴尬得恨不得有个地缝钻进去……

事情到了这一步，我的应聘结果可想而知了：即使人家让咱在那儿干，咱也没那个脸哪！事后我得知，学生们给我出“难题”的事，李校长事先一点也不知情，完全是同学们自己的主意。

原来，班里的这两位同学，自打进到这个班开始，只要有新老师来，他们的名字几乎就没有被同时叫对的时候。因此，他们的名字便成了全班同学“考察”老师水平的“试金石”。可后来他们发现，“试金石”失效了—新老师第一次点名的时候，总会跳过他俩的名字，等点完了再问谁没被点到，就像我一样。接连发生了这样的“漏点事件”，同学们开窍了：老师在耍小聪明，其实他们根本就不知道那两个字的正确读音！同学们这下生气了：为人师表，知之为知之，不知为不知，怎么能这么虚伪呢？

这次，同学们听说学校要招聘新老师，便事先想了这个“馊主意”。他们一致商定，为了能找到“诚实”的老师，只要这个老师不漏点名，哪怕他真的把两个名字都念错，他们也愿意接受。而耍小聪明的老师，水平再高他们也不要！

李校长后来告诉我，我的试讲在几位应聘者中是最好的，他本来已经决定录用我了，可惜被一班聪明的同学们给“搅和”了。

末了，李校长还很惋惜地说：“唉，都怨我。要是事先能了解一下同学们的想法就好了……”

但我心里清楚，这事儿全怨我自己。我真的很后悔，一个将要为人师表的人，为什么要那么虚伪呢？

>先检查自己<

去上钢琴课,被老师骂指甲太长。着急忙慌地剪,然后剪到肉,疼了好几天。怪谁?怪自己明知道要上钢琴课,还带着长长的指甲,涂着各种指甲油。

去上几何课,被老师骂算得太慢,是对公式不够熟悉。怪谁?怪自己回家就上网聊天,不去读厚厚的书,不去做多多的习题。

月底要用英语作陈述,捶胸顿足英语不够利索,觉得又是一个黑色的月份。怪谁?怪自己早晨赖床,做好的英语学习计划不执行,临时抱佛脚,内心纠结。

有人发邮件给我:你有让人羡慕的工作,所以你做得如鱼得水。可否知道我们在小公司里朝九晚五被变态老板折磨,被小心眼儿的员工排挤。所以你站着说话不腰疼。

讲得对。可是你怎么没看到像我一样的"成功者"所做的努力?我同事凌晨五点发短信给我:"我刚做完 PPT,发给了客户,回去睡会儿,你早点去公司盯一下。"然后她上午 11 点继续来上班。一个从英国留学回来的女孩子都如此拼命，你是怪她可以拿到高薪，还是想怪她的公司比你的强？

有人发邮件给我：你可以学钢琴，你可以买玩具，你可以去比赛，你可以去旅行，因为你的环境造就了你的一切，你可以用钱买任何你喜欢的东西。我没有那么多钱，我实现不了我的梦想，所以你说的实现梦想是有前提的！

嗯，讲得对。可是我的钱都是自己一分一分赚来的，虽然不是很多，但是我在很努力地赚钱，我还要积极地去省钱。我的鞋子20块，我的衣服路边买，我把所有的钱都用在我的梦想上。你想怪谁？

每当做错事，或者得不到好结果，我就会追根溯源：这件事情最前面的原因是什么？

洗床单好麻烦——因为我的朋友来家里玩坐在了我睡觉的床单上——因为我没有铺可以让客人坐的床单——因为我早晨起床懒得叠被子——因为我。

快递出去的电脑有故障，对方不满——因为走的时候没检查——因为没有告诉实习生——因为我以为她知道——因为我少说了一句话——因为我。

不能带妈妈去菲律宾的长滩岛——因为没有很多钱交保证金——因为我没有赚那么多——因为我还付不起双份的出国游的各种钱——因为我能力还不够——因为我。

朋友说我不像个年轻人，没有每天抱怨社会不公平，骂炒房不道德，嫌富人没修养。因为我只是很安静地想，怎么先做好自己，怎么先提高自己，怎么先充实自己。等我真的有点光亮的时候，我说话才会有人听，才会有分量，才会引起别人的思考。

不去做，只是想，世界还和原来一样。所以，想成功的话，不要抱怨别人，要先检查自己。

>一加一大于二<

麦考尔是名犹太人，二战时，他和12岁的儿子考尔一起被纳粹侵略者关在奥斯维辛集中营，看着每天都有无辜的犹太人被残忍地用毒气毒死，儿子很害怕。麦考尔鼓励儿子说："别怕，只要有一线生机，都要想法活下来，虽然没了家园，但我们有的是智慧，这就是最大的财富。记住，如果我们能够活下来，就要让一加一大于二。"

考尔虽不大懂父亲的话，但还是郑重地点点头。

在一个风雨交加的夜晚，麦考尔趁着哨兵打盹的机会，带着儿子幸运地逃出了奥斯维辛集中营。之后，父子俩经过千辛万苦，于1946年流浪到了美国的休斯敦，靠着当地好心人的资助，做起了利润微薄的铜器生意勉强糊口。

转眼8年过去了，考尔也长成了大小伙子，而且顺利读完了大学，而考尔并不想继续呆在铜器店，他要闯出一片属于自己的天地。他每天忙着找工作，先后做过汽车公司的推销员，兜售过小商品，也当过公司职员，但发财的愿望总是难以实现，一段时间，考尔心灰意冷，也不去上班，把自己关在房间里发呆。

父亲看着儿子颓丧的模样，觉得如果再这样下去，儿子这辈子就有可能被毁掉，他决定和儿子进行一次深谈。

那天夜里，父亲来到儿子房间，问道："你以前跟着我做了那么长的铜器生意，我要问问你，你知道一磅铜的价格是多少吗？"

考尔不耐烦地回答父亲："别说我知道，就连整个休斯敦的每个人都知道，每磅铜的价格是35美分！"

但父亲对儿子的回答不满意，他严肃地对儿子说："你说得没错，一磅铜确实是35美分，但你忘了我在奥斯维辛集中营对你说过，一加一绝对要大于二的话，也就是说，在我们犹太人眼里，一磅铜的价格应该是35美元才对。如果你也像别人那样墨守成规，你将永远一事无成！"

父亲的话，深深触动了考尔的心灵。父亲走后，他静下心仔细思量，回忆着父亲这些年硬是白手起家，靠着不同于别人的生意经，让铜器店一天天壮大起来的经历，他恍悟了：机会总是青睐于那些扮演好角色的人，父亲不就是这样一步步走过来的吗？

从此，考尔便专心跟父亲想方设法把铜器店生意做强做大。不久，以父亲名字命名的"麦考尔公司"挂牌成立，父亲任董事长，考尔出任公司总经理。

又是20年过去了，父亲去世，考尔接替了董事长的位子，开始独自经营铜器店。他曾做过铜鼓，做过瑞士钟表上的簧片，也做过奥运会奖牌，他也曾把一磅铜卖到了 3500 美元的天价……考尔在休斯敦已小有名气。

机会再一次降临到考尔眼前时已是 1974 年。那时，矗立在纽约广场的自由女神像下的废料，成了美国政府十分头疼的问题，社会对此反应强烈，美国政府决定向社会招标，彻底清理自由女神像下的废料。但令政府意外的是，半年过去了，没一个公司前来认标，这可急坏了纽约市政府。当时，考尔正在法国旅行休假，无意间听人说起了这件事，他立即终止休假，匆匆飞往纽约，对自由女神像下的废料仔细观察后，又召集公司董事会，对大家说："我决定与政府签订清理废料的协议。"

考尔话音刚落，会场一片哗然，大家纷纷劝阻他说，比咱们大的公司都不愿意接手那活，弄不好，挣不了钱不说，还会招致环保部门的起诉惹上官司，再说，能回收的资源价值也非常有限，实在是得不偿失。但考尔信心十足地对大家说："在我眼里，那堆废料就是一堆黄金，难道大家不喜欢黄金嘛？这个协议我签定了，谁也拦不住！"考尔找到纽约市政府，果断地在招标书上签了字。

考尔要清理废料的消息传开后，纽约许多运输公司都在嘲笑他这"傻瓜"的举动，人们议论说：他是不是脑子出了毛病，就等着看他的好戏吧。

就在人们等着看考尔笑话时，考尔已开始了他的"傻瓜"行动，他打破常规，组织员工分秒必争地对废料予以细化分类，把废铜熔化，铸成小自由女神像；把旧木料则加工成小自由女神像的底座；把废铜、废铝的边角料做成一个个精巧的纽约广场钥匙出售；更绝的是，甚至把从自由女神身上扫下的灰尘，也用精美的袋子装起来，出售给纽约市区及周边郊区的花店……

考尔不仅自己带头亲自干活，而且对废料运用得当的员工予以重奖，激励了大家的工作热情。三个月后，那堆曾经无人问津的废料，都以高出原来价值的数倍乃至数十倍卖出，且供不应求。最后算账显示，这堆废料的净收入达到了 350 万美元，仅每磅铜的价格，就比原来翻了 1 万倍。

那些原来嘲笑和看笑话的人这才如梦初醒，他们万万没想到，在他们眼里赔钱的旧废料，却在考尔的精心运作下，变成了巨额财富，不得不对考尔的卓识刮目相看。

面对成功，考尔坦然道："父亲那句'一加一大于二'的话，是我人生的座右铭，每当遇到烦恼或挫折时，我都会想起这句话。"

>有事就要去试试<

“站在十米跳台是什么感觉？”我畏高畏水又懒于运动，面前站着的却是奥运跳水选手邱波。

他去过世界各地比赛，拿过大大小小的奖牌，但他没有体育明星的架子，也没有他这个年纪的轻狂。他坦诚地说第一次站在高台上是害怕的，但跳下去之后就一发不可收地从四川内江小城镇，一直跳到伦敦奥运会。我喜欢那些老老实实低头做事的人，他们可以让一件平凡人忽视、害怕甚至厌恶的事变得有质感起来，淡淡一句“我只是去做了这件事而已”。

这让我想起对苏黎世的态度转变。“我有钱也不会去苏黎世，天底下首都城市大同小异，不外乎热闹的市中心，几个地标性建筑，被圈起来的旅游景点，苏黎世肯定会令人失望。”这是很早以前和朋友说的一段话。

一次意外导致在苏黎世转机竟被迫过夜，瑞航安排住宿。阴错阳差地住了一晚，第二天清晨坐在大巴上，看着窗外的景致：

一片绿意盎然的森林中有间小屋，烟囱冒着青烟，安详而宁静，雾渐渐散去，远处的太阳是橘红色的，空气纯净，刚醒的鸟儿欢快飞翔。一刹那的感动，令我爱上这片土地。

飞机离开苏黎世前我后悔从未来此旅行甚至生活，我就像站在十米跳台因为腿软就原路返回的人，没有尝试便直接放弃。

起初无法理解身边许多朋友成为相亲狂这件事，缘分不得强求，如果刻意安排又怎会是爱情？年纪学历工作兴趣爱好一项项罗列，人本是立体的，却化作单薄白纸上的数据和标签。但因为苏黎世，突然醒悟：不试试，你又怎么知道爱不上呢？不带偏见的人，总能在拐弯处遇见意想不到的惊喜。

一个梦想，一座城，一个人，去接近去了解去尝试，比起带着偏见的人，更容易得到命运的奖赏。

我害怕过朝九晚五暗无天日的小职员生活，害怕每天一成不变地在大城市挤车上下班哪也去不了总堵在路上，害怕穿着正装出入写字楼成为装模作样的大人，可是我已经站在跳台上，必须义无反顾地跳下去，因为，我愿意去尝试这从小别人告诉我是没有希望一点也不有趣甚至“会杀人”的生活。

但我相信，跳下去以后我会浮出水面来的。

>撞破“南墙”<

朋友是位自学成才的青年画家。不仅多次在大展上获奖，还屡赴国外参展。然而他也为此吃尽了苦头。当初，父亲对他没有一点信心，力主他做个油漆工来挣钱养家；老师更是直白，谁能当画家我不知道，但我知道永远倒数第一的学生当不了；妻子也不看好他，终于与他分道扬镳。盛夏，晒晕的他曾从高高的脚手架上坠下。严冬，他曾用结着冰的砚台画画。

我曾经问过他，你从艺的道路上几乎全是困难和障碍，你是怎么走到今天的呢？他的眼里顿时有了泪花，感慨不已地说了这样一句话：“我就是一根筋，撞了‘南墙’也不回头，直到将‘南墙’撞破。”

我听了十分诧异，我还是第一次听到这样的说法。他看到我的不解，便接着说：“我之所以会这样，是因为亲身经历的两件事深深地影响了我。

“一是小时候，我曾去地里抓过一只青蛙，扔进一口废弃的机井里。井里没有水，离井口也就一米多深，凭青蛙那出色的弹跳力，冲出这口井应该是轻而易举。然而我却在上边盖上了一块纸板子。我一边开心地听着青蛙撞击‘南墙’的‘当当’声，一边哈哈大笑。大约过了一个多小时的样子，这样的声音再也听不到了。我悄悄地揭开一个缝，发现青蛙老老实实地趴在下边。后来我干脆将纸板拉开一半，它也仍然没有跳出来，无疑，它放弃了撞‘墙’的努力。另一件是，我家里院子中要打一口压水井，全家费了好长时间，终于选定了井口的位置。应该说，这真是个理想的位置。谁知就在打到十五六米深时却遇到了麻烦，两个多小时也没有打下一米深。施工的小老板就要求换地方，可是父亲却坚决不同意。父亲的理由很充足，再换几个地方就保证下边没有石头吗？况且要费多少工？再说，我就这么大个院子，都打成井眼，还有法要吗？人家拗不过父亲，只得硬着头皮一下下地打着，就在他的耐心即将被耗尽的时候，奇迹出现了，突然几下就下去六七米，这时，在场的每个人都明白，大功告成了。结果也的确是这样，我们这口井的水在全村中是最甜、最足、最清澈的。

“这两件事情本来毫无关系，但在某一天，突然电光石火般地在我的脑子里联系在了一起。这个‘南墙’，往往铜墙铁壁一样吓人，其实常常是纸老虎。被它吓住了，就成为井底那只青蛙了；撞破它，就有不尽的清泉任你享受。那时，我就觉得仿佛瞬间就茅塞顿开了。”

他的话给了我极大的震撼。其实人生路上这样的“南墙”

比比皆是，有的可以绕开，但好多是不可能避开的。怎么办？是被它吓退，还是以愚公的精神，精卫的意志顽强地将它撞破？选择前者，无疑是死路一条；而后者，则是无限的风光在迎候你！

>准时就是迟到<

大家都说："准时是一种美德。"事实上，大多数时候"准时就是迟到"。

我的儿子是高中水球队队员。按惯例，第一次练球的时候，教练先召集球员，说明参加球队的权利与义务。我跟其他家长坐在旁边，听到他开宗明义就说："练球一定要早到，凡事都需要一点准备时间，如果准时就是迟到。"

教练不到 30 岁，虽然年轻，这一句话却说得老练、有智慧。的确，球员在下水练球前，需要时间换衣服、擦防晒油，如果准时到达球场，练球时间可能就耽误 5 ~ 10 分钟。

对上班族而言，"准时就是迟到"也是言之成理的。如果我们早上 8 点准时到办公室，先打开计算机、跟同事聊上几句，然后把办公的东西准备就绪，开始上班大概已是 8 点 10 分以后了。

出国前，我曾在政府机关服务，记得那时有"15 分钟弹性上下班"的做法，就是签到的时间可延后 15 分钟、签退的时间可提前15分钟。以每一天签到、签退各两次计，一天上班的时间就少掉一个小时。如果说“准时”是“小迟到”，这个“弹性上下班”，无疑是个“大迟到”。

现代人生活忙碌，每一天都在赶时间。上班族赶上班、赶开会、赶方案；学生赶上课、赶功课、赶约会；家里有学龄小孩的，更是赶送小孩、赶接小孩……大家都在赶，天天赶，不停地赶。

一般人出门，习惯把时间算得刚刚好，路上一有状况，就急得像热锅上的蚂蚁。其实，赶时间的坏处很多，例如：容易发生意外、容易心浮气躁、容易忘东忘西、容易与人冲突……这些，除了让自己的生活质量大打折扣外，还大大影响了心情。

儿子参加水球队已经两年了，年轻教练的那一句“准时就是迟到”的话，改变了我。现在，无论在工作上，或接送小孩上，我每天尽可能“提早出门”。如此轻轻松松上路，纵使碰到堵车，也能从从容容应付。

>不干的勇气<

1984年，尹志强出生在云南玉溪一个贫穷的山里人家，因为家境贫困，从小时候起，穿哥哥姐姐们穿旧的衣服和鞋子成了他唯一的选择。衣服大点小点还能将就，可鞋子一旦不合脚，那种滋味就相当难受了。所以，从小，他最大的愿望就是拥有属于自己的一双合脚的鞋子。

2002年9月，他开始了自己的大学生活，贫寒的家境不能为他提供学费和生活费，为了继续学业，他卖过各式各样的小玩意儿，可能是那个童年梦想的支撑，他最喜欢并一直坚持着做的，就是卖鞋。由于和一个做外贸鞋的泉州人成了朋友，他经常能得到一些加工厂剩下的外贸尾单鞋，他在淘宝网上开家小店，通过代理的形式替那人卖鞋，收入还说得过去。

可是他的好日子并没有维持多久，在他读大三时，学校领导在查宿舍时意外发现了他零在床下的鞋子，领导给了他两条，要么上学不卖鞋，要么退学卖鞋。权衡再三之后，他做出的决定让领导都觉得意外：退学卖鞋！

退学之后的第二天，他带着身上仅有的1000多元钱来到了泉州，投奔那位朋友。在朋友的帮助下，他直接跟当地的工厂搭上了线，开始了工厂预订外贸鞋、网上贩卖尾单货的创业之路。凭着对做鞋生意的热忱、对网店的巧妙利用，以及外贸尾货的低价，他的外贸鞋生意越来越红火，网店开业半年后，平均一天能卖出四五百双。一年后，网店的规模也很快从个人店发展到有40多名员工的大店。

虽说试水之旅相当成功，但他很快就发现了尾单鞋的种种弊端：外贸尾单不稳定，质量难以保证，利润太低，转手买卖，和搬运工没什么区别等等，这使他意识到做外贸货绝非长久之计。

经过一番详细的市场调查后，他发现，国内暂时还没有成熟的男士休闲鞋品牌，而外国的几个大品牌的价位又偏高，超过了年轻人的消费能力，他当即兴奋地决定：进军年轻人休闲鞋领域！为了实现品牌梦，他竟然放弃了福建，转战广州。因为广州是传统制造业生长的摇篮，这里有许多中小规模的加工厂，其流水化作业程度不是很高，有些环节还要靠手工，虽然这样的增加了生产成本，但也为小批量生产提供了可能，而且设计和质量比福建还要好一个档次。他看中也正是这一点。当他将自己的决定公之于众后，反对声此起彼伏，反对的人说破了嘴皮子，但他却咬紧牙关不松口："有破才有立，如果不破，我们最终只会走向死亡。"僵持的结果是，2008年底，他放弃福建所有的一切，带着18个员工和60万元资金直奔广州。

开赴广州后，他火速注册了自创品牌“mr · ing”，并迅速在淘宝商城上设立了“羊皮堂男鞋专营店”，专卖“mr · ing”的鞋子。

与此同时，他开始寻找合适的合作伙伴。这时，一位朋友介绍一家佛山的鞋厂。这家鞋厂只有50多人，但一直外做贸订单，工艺精细。得知消息，他便找上门去，虽然对方给出的条件并不优惠，他随便转转就可以很轻松地找到了价格比它家低三五元的工厂。不过，他并没有贸然拒绝，而是仔仔细细地查看了对方的加工车间、鞋品质量、订单客户，转了一圈后，他毫不犹豫地签下了合同：“虽然你们的价格高，但我更看重的是长期稳定的合作，因此我宁愿付出高价来保证品牌形象。”

这种让利于厂、合作共赢的模式很快也给他带来了实实在在的好处。他不但做到了和工厂平起平坐，还做到了“我怎么说工厂就怎么做”。别人要300双才能开版，而他只要60双工厂就给做；别人打个版要10天，他打个版只要3天；别人都是预付30%定金工厂才给开工，他可以做到先货后款，付款期甚至跟支付宝到账周期是一致的。工厂不仅承诺任何质量问题通通接受无条件返工，甚至还想办法提供自己的工艺水平，给他设计新型提供有效的信息。

然而新品牌的成长毕竟不是一朝一夕之功，他需要再次建立自己的稳定客户群，所以一开始，“mr · ing”的销售很不乐观，每天只能卖出二三十双。仓库里堆满了杂七杂八的款式，每样剩余几双、几十双，压了资金近100万元。

偶然的转机出现在2009年5月。这时，他开发了一款货号091的透气鞋，由于这款鞋轻、薄、透、软，穿着非常舒适，首批的60双一经推出就被抢购一空，随后每天的订货量都在500双以上，最终创下了10万双的销量！并同时带动了其他鞋款的销售，他也因此获封“淘宝鞋神”，在年底被媒体评为“2009年尹志强淘宝现象”。

这次意外的成功没让他大刀阔斧地扩张，相反，他却受其启发，果断地砍掉了大部分鞋款，转而采用“单品制胜”的营销策略，并以二八法则打响品牌。也就是说，通过20%的有代表性的产品投放市场，完成80%的销售额的策略，并实现品牌传播和原始积累。

在很多人看来，这种早被视为落伍的销售手段风险极大，但他却再次坚持了自己的理念。事实证明，这种“集中优势兵力打歼灭战”的销售法则相当有效。因为款式少，销量大，所以没有库存，甚至鞋子还在工厂就被卖了，一天的平均销量达到2000多双，占到淘宝鞋类销售的3%到4%。仅2010年5月推出的“阮清风”系列情侣鞋，在秒杀活动中，4个小时内就卖出7800双，当天销售突破1万双。

mr · ing在淘宝网男鞋品牌销售中一直名列前茅，实力大增让他的“谋士”有了更多的他是意。因为合作的加工厂基本上等同于自己的工厂，所以不断有人提议直接收购或接管工厂，以降低生产成本更方便地为进一步扩张做准备。但他毫不犹豫地拒绝了："我不想分散经营重点，更不愿插手不熟悉的领域，能形成稳定的生产、销售供应链就够了。"

与此同时，他还回绝了做其他鞋类的建议。"mr·ing只做男鞋，而且做男鞋当中的休闲鞋，目标是成为中国男士休闲鞋第一品牌。女鞋不碰，运动鞋示碰，童鞋不碰，服装更不碰。"

现在他不仅拥有了5家外发加工厂，还拥有了二三十家经销商，平均一天的销量，基本在2000多双以上。2009年销售额达到3000万元，及至2010年，前三季他就实现盈利5000万元，年终同比翻三倍，销售额直冲亿元。

尹志强认为自己的成功只与两个字有关，那就是魄力。他说魄力有时并不一定体现在你敢于干什么，更大的魄力其实是你敢于不干什么。有想法，有魄力，志存高远又脚踏实地，尹志强能走到今天，那便是自然而然的事了！

人的潜质深不可测，千万不可小视和忽略

[第四辑　人是被逼出来的]

一剪寒梅怒放自己的生命

不是因为春天

而是缘于自身的坚强

>大嗓门的人才<

一个位子让谁坐

美国一家大公司正在招聘员工，总裁高度重视，亲自参与，出了下面一道测试题。

在一个雷雨交加的夜晚，你开着一辆小汽车行驶在大街上。经过一个公共汽车站时，发现有 3 个人望眼欲穿，等候公共汽车的到来。他们当中有一位重病缠身的老大爷，随时都会有生命危险。另一位是曾经从死神手中把自己拯救回来的医生，你总想找机会报答这位恩人。还有一位是自己一见钟情的姑娘，如果不把握机会，你将会后悔一辈子。遗憾的是你的车太小，只能坐下一个人。

你可以从中选择一个人，不论让谁上车，都没有人会责怪你。需要提醒的是，最好先深思熟虑一番。做出决定之后，再进行反思：“自己这样做行吗？”请解释你选择的理由。

“救人一命，胜造七级浮屠”，毫无疑问抢救老人要紧。然而生老病死是自然规律，人人都要经历一次，死意味着人生走到了终点。医生救过自己，请他上车可以说是最好的报答方式。不过“有礼不在迟”，或许将来什么时候还有更需要自己去报答恩人的机会。机不可失，时不再来，还是让自己心仪的女孩上车吧。或许这就是天赐良机，如果不加以把握，将会抱憾终生。

在 100 多名应聘者中，只有一人的答案符合总裁的要求，最后被录取了。这位“百里挑一”的佼佼者并没有对自己的理由进行过多的说明，他只是简单地说了一句：“把汽车钥匙交给医生，请他送老人上医院，我留下来陪伴姑娘等公共汽车。”

大有文章的小广告

“谷歌”公司招聘员工的方式别具一格，颇有创意。

一次，这家公司在一所大学校园的广告栏里贴了一张小小的广告，上面除了一个很长的网址和一个极奇怪的数学符号之外，没有招聘广告常有的具体内容。许多同学来来往往，都没有看到这则广告。即使有几个人注意了，在小广告前琢磨了半天，也没有理解到其中的含义。

只有一个女生是有心人，在脑子里记下了这个与众不同的网址。她回到寝室上网时，点击网址进到里面，映入眼帘的是一道未解的数学题，其他什么也没有了。好奇心驱使这位女生动手做题，花了 30 分钟把它解了出来。有趣的是，刚完成数学题，便有一张表格弹了出来，让她填写。就这样，“谷歌”公司向这位女生敞开了大门。

没有按部就班地看简历和学历，不搞大张旗鼓地“海选”，“谷歌”公司雇用到了理想的雇员。可不是吗？广告栏里贴的东西五花八门，什么都有，而如此小的一张广告却能引起这位女生的关注，足见其对周围世界的关心，很留意不起眼的新鲜事物。这是其一。能把网址记下来并且及时点击进去弄个明白，除了说明她记忆力强外，还有一股“打破砂锅问到底”的劲头。这是其二。面对一道突然而至的数学题时，决定动手去做，并且最后成功地解了出来，不难看出她愿意动脑，喜欢思考，并且智商不低。这是其三。综上所述，正是一位合格员工的基本素质。

嗓门大者优先录用

10 年过去了，日本电产公司变化巨大，由最初几个人的小作坊成为拥有近 800 名员工的中等企业，产品进入世界市场，销售额大幅度增长。这家公司之所以能发展壮大，其中的一个原因在于人才济济。在选人方面，公司独特的做法令人耳目一新。

前来应聘的人员是否比规定的应试时间来得更早，这是留下的第一印象。公司经过长期的考察发现，上班时姗姗来迟的人往往满脸睡意，萎靡不振。很难想象这样的员工能把工作做好，创造出优秀的业绩。当然，世界上没有什么都干得十全十美的人才，但是如果时间充足一些，动手之前能够加以深思熟虑，把工作做得更好的可能性肯定就更大一些。

朗读是应试者必考的第一个环节，先准备好一篇文章，然后轮流高声诵读。要求声音洪亮，仪表大方，不羞怯不做作。嗓门大的人，一定体格强壮，自信心强，是优先录用的条件之一。接下来是第二个环节，让应试者共进“午餐”。虽然干硬的米饭和乏味的菜肴难以下咽，但仍然有一些人仅用10分钟的时间便把饭菜全部吃完，后被录取。公司认为吃饭速度快意味着身体健康，事实证明用餐速度考试的优胜者上班后很少因生病而请假。打扫厕所为应试的第三个环节，要求赤手空拳把沾在便池上的污垢清洗掉，不得借助刷子和抹布一类的工具。公司将录用那些把厕所打扫得干干净净的应试者，理由是这样的人具备诚实刻苦的态度，办事认真负责，有板有眼。

真正管用的“介绍信”

一家公司自从招聘总经理助理的启事见报后，前来应聘的人络绎不绝。令公司人力资源部经理迷惑不解的是，在层层筛选之后，亲自主持面试的总经理选中的助理竟然是一位初出茅庐的年轻人。他一无介绍信，二没有人推荐，三缺少经验。

在招聘总结会上，总经理对此事做了解释。其实，这个小伙子带来了许多“介绍信”。请看：见到来了一位比自己年龄更大的应聘者时，马上起身让座，证明他关心体贴别人，富有爱心。轮到自己面试时，先在门口将鞋底沾的灰土蹭掉，进房间后随手关门，足以表明他做事认真负责，一丝不苟。刚一坐下便脱掉帽子，回答问题简洁明了，有的放矢，说明他礼貌周全，才学兼备。其他的人都是从事先摆放在地板上的几本书边绕过去，惟独他轻轻地将其拾起并且整齐地在桌子上码好，从中可以看出他办事积极主动，自觉性高。他衣着入时，头发整洁，指甲干净，整体形象富有亲和力，很容易让人接近。

“细节折射出人的本质，言行堪称最好的‘介绍信’。”总经理最后意味深长地说：“设想一下，如果招聘的员工连最起码的素质都不具备，即使他手上的‘介绍信’再多，又有何用呢？”

＞财富的突破口＜

日本商人石川是个中国迷，他崇拜中国的中医文化。20 世纪 70 年代，到中国考察后，回到日本的石川先生创办了伊仓产业公司，经销中药。

可是开店后，生意一直特别冷清，因为日本人普遍信奉西医，对中医中药很是抵触。面对自己辛苦经营但面临倒闭的现状，石川绞尽脑汁想尽了办法，可还是没能扭转亏本的局面。怎么能让日本人接受中药呢？

有一天，朋友请他去喝茶。在品茶的过程中，石川先生突发奇想。

在日本，茶道是一种通过品茶艺术来接待宾客、交谊、恳亲的特殊礼节。茶道不仅要求有幽雅自然的环境，而且规定有一整套煮茶、泡茶、品茶的程序。日本人把茶道视为一种修身养性、提高文化素养和进行社交的手段。可不可以把中药融入茶道呢？

石川眼睛一亮，顿时倍感兴奋，马上着手开始中药店的重新装修。他按照日本人的品位，将店里的中药气氛彻底改变。装修后的店铺豪华气派，格调高雅，并且装设了空调、灯光、音响等设备。墙壁刷得雪白，地面、桌椅则全部刷成绿色，店内气氛清新宜人，散发着浓郁的现代都市生活气息。店里考究的壁柜里放着或透明、或橙黄色的各色中药饮料，有中国著名的人参药酒、鹿茸药酒，还有掺了中药的果汁等。无论药酒还是果汁，中药味都已大为减轻。店名更改为“伊仓吃茶馆”。

石川先生别具一格的经营方式，立即吸引了大量的年轻顾客，店里经常座无虚席，大家在美妙动听的流行音乐声中，悠闲地品味着既能强身健体又合口味的中药饮料。

中药茶，立即成了商界一大热点，并带动了东京其他茶店的繁荣，全国各地的茶店都纷纷联系石川先生，要求购买伊仓吃茶馆的中药。石川先生除提供给他们中药货源外，还提供了配药方法。就这样，吃中药茶，成了东京新的潮流。过去没有人愿意吃的中药，现在成了人们竞相购买的珍品，伊仓公司因此一炮打响，并赚得丰厚的利润。

>迪士尼的培训<

东京迪士尼乐园被誉为亚洲第一游乐园，年均游园人次甚至超过美国本土的迪士尼，美国迪士尼公司总裁罗伯特·伊格尔是这样分析的："在培训员工方面，他们比我们做得更出色！"

东京迪士尼是怎么培训员工的呢？以最基层的清洁工为例，他们的第一个要求就是为人要乐观、性格要开朗，决定聘用之后，又要对他们进行三天的"特别培训"。

头天上午培训的内容是扫地。他们有三种扫帚，一种是扒树叶的，一种是扫纸屑的，还有一种是掸灰尘的，这三种扫帚的形状都不一样，用法也不一样，怎么扫不会让树叶飘起来？怎么刮才能把地上的纸屑刮干净？怎么掸灰尘才不会飞起来？这三项是基本功，要用半天的时间学会，然后让每个清洁工都记牢一个规定：开门的时候不能扫，关门的时候不能扫，中午吃饭的时候不能扫，客人距离你只有15米的时候不能扫。

下午培训的内容是照相。全世界各种品牌的代表性数码相机，大大小小数十款全部摆在那里，都要学会为止，因为有很多时候，客人会让他们帮忙拍照，东京迪士尼要确保包括清洁工在内的任何一个员工都能够帮上他们，而不是摇摇手说："我不会用相机"。

次日上午培训的内容是抱小孩和包尿片。有些带小孩的妈妈可能会叫清洁工帮忙抱一下小孩，清洁工万万不能一接过来就把人家小孩的腰给弄断了，小孩子的骨头是非常嫩的，正确的抱法是"端"，右手托住孩子的臀部，左手托着孩子的背，左食指要翘起来，顶住孩子的颈椎或者后脑。同时，还要培训清洁工们学会给小孩子上尿片，怎么包最科学，怎么叠最合理。

下午培训辨识方位。游客经常会向人问路。"小姐，洗手间在哪里？""右前方，左拐，向前50米的那个红色的房子。""小姐，我这个儿子要喝可乐，在哪儿可以买？""左下方7点钟方向前进150米，有个灰色的房子。"每一位清洁工都要把整个迪士尼的平面图刻进脑子里，哪怕是第一天工作，也不能对问路的顾客说："我刚来，我也不知道！"

第三天是花一整天的时间培训沟通方式和多国外语。首先是与人沟通时的姿势，必须要礼貌和尊重，例如和小孩子对话，必须要蹲下，这样双方的眼睛就保持在一个相等的高度上，不能让小孩子仰着头说话。至于学外语，要让人在大半天的时间里熟练掌握多国外语是不现实的，所以东京迪士尼只要求他们会讲一句话的多国外语版就行了，内容是"对不起，我并不能与你顺利沟通，我这就联系办公室，让能够和你交流沟通的人来到你身边"。

三天培训结束后，清洁工们才能被分配到相应的岗位开始工作。

东京迪士尼为什么要花这些力气去培训清洁工？因为他们认为，越是底层的员工越是代表着迪士尼形象，也越能直接为顾客提供服务，而形象和服务则是东京迪士尼的灵魂所在，就是说，他们把每一个底层员工都看成是自己这个团队的灵魂！

>小草鞋，大财富<

李惠月是一个西安农村的姑娘，1998 年，19 岁的她高中毕业后就待在家里无所事事，成天靠给爷爷揉肩捶腿打发时间，李惠月心里却一直梦想着要好好创造一番大事业。

第二年初夏，李惠月的爷爷得了脚气病，叹着气说想穿一穿早年的草鞋，因为穿草鞋是无论如何都不会生脚气的，可是现在草鞋早就已经绝迹了，到哪儿去买呢？没想到，李惠月的父亲居然自己就会编草鞋，编好草鞋后，爷爷穿上一试，开心地笑了。一心想着创业的李惠月好像突然发现了商机，她就对父亲说："你给我编 20 双草鞋吧，我要去卖草鞋！"

父亲没答应，说这年头有谁会买草鞋？但李惠月不依不饶，父亲被缠得没办法，只好带着她割回了一背篓青草，晒干后，父亲把草搓成细绳，李惠月跟着父亲学，两人半天工夫就编好了 20 双草鞋。李惠月骑上自行车走村串巷去叫卖，很多人都嘲笑她啥生意不能做居然想到要卖草鞋。逛了五六个村子，李惠月不仅没卖出一双鞋子，还被泼了一身的“冷水”，只好骑着车子回到家。沮丧之余，李惠月意识到，草鞋在农村是没有市场的，在城里会怎么样呢？

第二天，李惠月拎着20双草鞋赶到城里的小商品市场，一连问了好几家店铺都没人愿意购买。细心的李惠月发现，自己的这些草鞋虽然质量牢固，但是与市场上的鞋子比起来，显然太过老土，于是就想着要在草鞋里编进一些时尚元素，当她对几个老板说了这个想法，几个老板居然都表示，到时候看货，如果满意的话愿意先做做代销。

李惠月兴奋地回到家，和父亲一起商量怎么样才能让草鞋摆脱土气，很快，他们开始从选材上区分干草的颜色，并用这些颜色编成了一些“图案草鞋”或“花纹草鞋”，同时加进一些可爱的小饰件，几天后，100双时尚草鞋就编织好了。为了迅速打开市场，李惠月又印制了一些名片。她把鞋子送到了西安的小商品市场，以每双10元钱的价格卖了出去。

首战告捷后，李惠月并没有急着回家，而是拿着最后一双样品鞋，沿着大街小巷逛了一圈，一看见鞋店就进去推销鞋子发名片，结果一路走一路联系，竟谈妥了十几宗代销生意。李惠月立刻回家招工赶货。没多久，她的草鞋引起西安威龙鞋城商家们的注意，大家纷纷主动联系上李惠月，要求拿货。到了炎夏的时候，李惠月每天生产1000双以上才能供得上商家的销售。

天气渐渐转凉后，李惠月的草鞋也开始滞销了，她就成天在外奔波联系业务。

有一次她到一家宾馆里住宿，觉得宾馆里的纸拖鞋很不舒服，碰水就烂，她忽然有了主意：全国有这么多的宾馆，假如能让草鞋打进宾馆，那该是多大的市场！考虑到宾馆里的拖鞋是免费提供给顾客的，李惠珍就组织技术工研发出了一款更便宜更实用的草鞋，送到宾馆一试，结果对方立刻和她签下了每月供应 3000 双的单子，这些美观的草鞋穿了还可以带回家接着穿，连宾馆的生意都好了起来。一传十，十传百，不到一个月时间，李惠月的草拖鞋就进驻了西安市的 20 多家宾馆。

经过 10 多年努力，现在，李惠月的草鞋已经拥有麦秆棉鞋、彩色鞋、情侣鞋、励志鞋和漫画鞋等众多系列，销路越拓越宽，不仅全国各地都有她的草鞋身影，而且还远销日本、韩国、新加坡和香港、台湾等国家和地区，每月销售额达数百万元，李惠月这位名不见经传的农村姑娘，成了远近闻名的“草鞋富姐”！

>走火坑的男人<

他出生于福建省长乐市，12 岁开始远离父母，随亲戚到美国读书。为了生活，他边上学边打工，先后做过餐厅服务生、卖过净水器、汽车、皮肤保养品、电话卡、巧克力批发、邮购等 18 项工作，但都以失败而告终。到 21 岁时，他的存款还是零。他着急了，怎么办？难道成功的梦想离自己很遥远吗？

后来一个偶然的机会，他听说成功学大师安东尼·罗宾即将在他所有的城市开培训班，他赶紧报了名，东拼西凑才交上这费。他希望能通过这次培训改变命运，可开堂第一课“走火”让他傻眼了。

所谓走火，就是在 17 米长的地板上铺着烧得旺旺的木炭，炭火上方铺着一块被火烤得很烫的铁板，参加培训的 600 多人全部脱掉鞋袜，每个人都必须赤着脚从铁板上走过去，否则就是失败。

烈火、铁板、赤脚……他联想到了烤肉架上的肉，心里充满了恐惧。他想，天啊，我可不能排第一号，万一排第一号走过去，我1.77米的身高在炭火里变成1.57，双脚不见了，怎么跟父母交代。内心充满了恐惧的他从前排偷偷跑中间，又从中间偷偷跑到后排，观察走过火的人脚有没有受伤。当发现走过的人居然都安然无恙时，他紧绷的神经总算松弛了下来，他想别人行，那我也一定行！

正在他已经建立了信心时，突然发现前面女学员的双腿在发抖，她一发抖，他建立的信心顷刻间又崩溃了，他的双腿也不由自主地跟着颤抖了，心里说完蛋了，肯定要变成1.57米了。

正在他和那位女学员抖成一团时，旁边的助教喊了一声“下去”，就把那个女学员推入了“火坑”，身处火阵只能进不能退的女学员不得不往前飞奔，走完后居然没有受伤！见此，他的腿总算抖得不那么厉害了，但他还是没有勇气迈出第一步，他想退出。可如果退出，不但亏了学费，没有增强自信，反而更增加了恐惧感。

见他迟迟不动，已经走过一群美国女学员嘲笑他：“中国男人真没用！”

这句话让他热血上涌，“豁出去了，大不了变成1.57！”他冲出火阵中，快速跑了过去，居然也没有受伤，这下，他不怕了，还主动跟助教讲，我再走一次！他接连走了几次，安然无恙，看得其他学员瞠目结舌。

这时，助教说话了，他说：很多事情看起来很困难，几乎是不可能的，可是一旦你下定决心的时候，它立刻就变得非常非常的简单了。

这件事也让他明白一个真理：如果你想成功的话，那么，做的第一件事就是明确目标，抛去所有的顾虑和犹豫，让所向披靡、无往不胜的激情充盈你的身体。

心里开窍了，他很快就进入了角色，开始对自己疯狂的训练。

每天开车去培训的路上，他一心二用，边开车边对着后视镜“喋喋不休”地大声演讲，以致和他擦身而过司机都好奇地向他张望。等红灯的时候，他则更疯狂地对着镜子全神贯注地高声演说，绿灯亮了也浑然不觉，后面的车只好用此起彼伏的汽笛声惊醒他。晚上回到家后，随便填一下肚子，他便站在镜子前一练习就是四个小时候，他的生活状态就像演讲一样，每时每刻都保持着激情与活力，每个地方，都是他的讲台，这使他的个人特长、天分获得了真正的释放。

25 岁，他成立了自己的研究训练机构，最初办公室非常小，公司连复印机都没有，吃的是炸酱面和白土司。但短短两年之后，他的演讲场场爆满，学员遍布世界各地，人们争相收藏他的著作、录音、课程内容，其独特的魅力和智慧，激励了无数人奋发向上，突破瓶颈，实现成功致富。他每小时演讲费高达 1 万美金，他用两年时间让自己成了亿万富翁。

他是就全球最顶尖的演说家之一陈安之，被公认为当今国际上继卡耐基之后的第四代励志成功学大师，也是世界华人中唯一一位国际级励志成功学大师。他被千万人尊称为“能改变命运的激励大师！”他的书籍长时间畅销不衰，《21 世纪超级成功学》《自己就是一座宝藏》堪称当今成功学方法论的典范。陈安之的故事听起来似乎是一个奇迹，但这个奇迹确确实实发生了。是什么创造了奇迹？他说，小时候寄信，每次都把邮票贴在信封的右上方，特别清晰醒目。想成功一定要有梦想，把梦想贴在人生的右上方，明确，醒目，让它时刻来提醒你。只要你有梦想，只要你想成功，并且一定要，同时持续采取同样的行动，一定要以得到成功。

>昨天的自己不堪一击<

他出生在法国北部城市鲁昂市，从小便有着与众不同的政治天赋，他在小学时就参加学校里面组织的无数演讲，许多老师说他天生好口才，加上相貌端庄，聪明伶俐，他一直担任班级里的班长职务。

中学时，他已经是首屈一指的风云人物了，学校里组织的几乎所有比赛，他都会欣然前往，全力以赴。

高中二年级时，他有幸成为新年晚会的总编辑，负责整场晚会的文字准备与编辑工作，他将自己关在宿舍里好多天，闭门造车的结果是他整理出来一大堆无用的文字，无论是主持人的台词还是晚会的串词，都是漏洞百出。

晚会的总导演法克先生，是教务处的副主席，法克先生认为编辑工作是整场晚会的支柱，如果编辑不到位，或者是根本就不会组织，整场晚会就无法顺利完成。他以十分轻蔑的眼光瞅着面前这个一度不可一世的“混世魔王”，二话不说，要求学校教务处撤销他的总编辑资格。

他很快收到了通知，通知里一句话简洁明了：总编辑工作另觅他人。这对于一个刚刚十七岁的孩子来说，无异于五雷轰顶。

他的眼泪肆无忌惮地攻击着自己的脸颊，他找到了总导演与学校里的一些官员们，要求他们收回成命，自己会从头再来，下一次肯定会取得成功。

没有人理睬一个孩子的心情，一些好事的学子们将此事传得沸沸扬扬，他们的潜台词就是：做人不要太自以为是，人外有人，天外有天。

这个孩子思考片刻后，将自己重新关在宿舍里，这一次，他组织了两位同学，一个有着良好的声乐天赋，一个具有表演天才，两天两夜时间，他重新将整理好的文字放在总导演法克的书案上。

法克正在为此事烦恼，因为晚会已经逼近，短时间内无法找到合适的文字编撰人员，他试着写了几页，却感觉不堪一击。

放在案头的文字似一道闪电，打开了法克先生的心门，法克一边看着，一边手舞足蹈起来，台词出类拔萃，串词惟妙惟肖，整个文字与整场舞台相接融合顺畅，游刃有余。

法克的目光盯在组织者的名字上：弗朗索瓦·奥朗德。

奥朗德在宿舍里模拟了整场晚会的全部节目，与两位同学一块儿锤炼语言，尽可能做到每句台词都逼真地反映现场的气氛。他以一场经典的传奇式的补救措施，惊艳全校，学校通讯社认定他注定是一个惊天动地的人才。

奥朗德在一周后的校报上刊登了专栏文章《打败昨天的自己》：人最大的对手不是敌人，而是自己，人无时无刻不在与昨天的自己斗争，你的目标是打败昨天的你，不能让昨天的你凌驾于今天的你和明天的你的脖子上面。

奥朗德大学毕业后便踏入了政坛，开始只是个无名小卒，后来一路顺风顺水地由一个“潜力股”飙升为“绩优股”，他擅长演讲，且极富有“煽动性”，2001年至今，他一直担任法国社会党的领袖，2012年，他以社会党推荐候选人的身份与人民运动联盟候选人现任总统萨科齐一起角逐法国总统。

在竞选演讲中，他提出了“号召全民力量，振兴经济”的口号，他提醒大家：学会反省自我，昨天的我不堪一击，今天和明天的我一定是最优秀的，我们的国家同样如此，虽然面临经济停滞，但只要全民同心，与昨天的国家斗争，明天的国家一定会充满希望，朝阳就在我们的前方。

5月6日下午，在第二轮选举中，奥朗德击败了萨科齐，众望所归地成为法国新一任总统。

> 人是被逼出来的 <

人的能力到底有多大，潜质有多少，目前还没有定论，反正，人在特殊情况下被逼出来的能力大得惊人，完全出乎人的想象。这说明人的潜质深不可测。千万不可小视和忽略。兴许被人们常常称为“笨蛋”的你，经过一番深挖细凿，说不定就会成为人们刮目相看的“另类葛二蛋”。

据《北京晚报》报道，2012 年 38 岁的赵伟 16 年前被一名美籍华裔商人以“入股”为名骗走 30 万元后，只身从中国大陆一路追讨到美国洛杉矶，不料再次被骗，沦为流浪汉。然而，当时，连一句英语都不会说的赵伟经历艰辛，2002 年竟然成为了南加州一名专门帮助受骗人追债的执照私家侦探公司老板，加盟者有十几位。至今，他的公司已经调查办理的案件已达数千件，终于圆了他个人不再受骗且帮助他人不受骗的梦想。赵伟的传奇经历经媒体曝光后，立即吸引了影视业制片人和编剧的兴趣，最终由中美加三方合拍这部反映中国农民只身闯荡美国的不凡经历和励志故事。目前，该片已开机拍摄。

赵伟的家乡是中国山西省关原头村，1996年，时年22岁的赵伟还是一名普通的农村治安管理员，偶然通过朋友结识了自称为某国际贸易总裁的南加州商人冯某。一次冯某急于签约却资金困难，让赵伟帮忙借钱，赵伟找朋友借给冯某30万元。谁知，冯某携款回美国后，从此音讯皆无。赵伟深感自责与无奈，于是，1996年11月，赵伟只身奔赴美国去追债。当赵伟来到洛杉矶，仅凭一张冯某的名片辗转找到冯某位于洛杉矶的办公室时，惊讶地发现原来这里只是一处破旧的家庭旅馆，而自称某进出口公司总裁的冯某也只是一个输得精光的赌徒。幸好，赵伟见到了冯某本人。冯某东挪西借，数月后终于凑足了30万元欠款。然而等冯某还钱时，冯某提出“要第三者为证”。善良的赵伟认为“也有道理”。可谁又能想到，冯某利用这个颇有道理的做法再次欺骗赵伟的善良。当两人决定将冯某的欠款先汇到冯某的一位朋友毛先生的账户上时，毛先生也携款而逃。赵伟再次受骗。

原本打算要到欠款就回国的赵伟，没想到从一个陷阱被骗到另一个陷阱。身无分文的他成了美国街头的流浪汉。刚到美国时，赵伟一句英语也不会，不会英语，在美国你能跟谁沟通。他主要靠看电视、查字典恶补英文。从1999年开始，他辗转进了一家韩裔侦探所打工，靠着他多年的辛苦打拼，终于考取了私家侦探执照，并于2002年创办了自己的侦探公司，聘请了10多位侦探加盟。至今赵伟的公司已经调查办理了数千件诈骗案及各种案件，终于圆了自己不再受骗且能帮助别人免遭受骗的梦。

一介农民兄弟凭着一腔执著和铮铮铁骨，在强大的压力下“压”出了一身的能耐，在美国办起了私人侦探公司不说，还引来世界知名影视业将其搬上影视。奇怪吗？不奇怪。只要心中有梦，美国就不会遥远，辉煌就在眼前。

当然，一定的压力能激发人的潜能，但过度的压力往往是压的人喘不过气来，此时，关键是要强迫自己冷静下来，想一想行之有效的方法去应对才是。而不是怒不可遏，牢骚满腹。说心里话，好多压力摊身，不是压力压垮了身体，而是首先摧毁了心理，“心碎而身死”这是古话。窃以为，只要自己的“心”不死，没有爬不过去的火焰，没有渡不过去的太平洋。千万记住：一剪寒梅怒放自己的生命，不是因为春天，而是缘于自身的坚强。

>不可超越的大师<

任何一个热爱音乐的人，都不会绕过巴赫。他第一个把各国不同风格的音乐成功地糅合在一起，他为人类谱写了几百首不朽的传世乐章，他一生的创作被后人评价为："使上帝的话语广为流传，使音乐达到了前无古人，后无来者的顶点。"在巴赫以后出现的世界上所有伟大的音乐家，几乎全部受过他的滋养。

但是，就是这样一位伟大的音乐家，却在有生之年一直没有摆脱卑微的职位和贫穷的窘迫。

巴赫于 1885 年出生在德国中部的爱森纳赫。虽然这是一个小城镇,可它的市民却酷爱音乐。巴赫家族是地地道道的音乐世家，他父亲是一位优秀的小提琴手，祖父的兄弟中有两位是具有天赋的作曲家，叔伯兄弟姐妹中有几位是颇受尊敬的音乐家。

对于具有极高音乐天赋的小巴赫来说，在这样的家庭成长原是十分幸运的，然而命运之神却给这位未来的伟大音乐家安排了巨大的磨难：他 9 岁丧母，10 岁丧父，只得靠大哥抚养。尽管家里存放着大量音乐资料，可专横的兄长就是不允许他翻阅学习，无论他怎样苦苦恳求也无济于事。小巴赫只得趁兄长离家外出与深夜熟睡之际，在月光下偷偷地把心爱的曲谱抄下来，因而大大损坏了他的视力，晚年不得不在双目失明中痛苦地度过。但是他对于音乐的执著并没有打动兄长，当兄长发现了弟弟的秘密时，不仅无情地没收了小巴赫的全部心血，还严厉地惩罚了他。

15 岁的巴赫忍受不了兄长的虐待，只身离家，走上了独立生活的道路。他靠美妙的歌喉与出色的古钢琴、小提琴、管风琴的演奏技艺，被吕奈堡米夏埃利斯教堂附设的唱诗班录取，同时进入神学校学习。这里的图书馆藏有丰富的古典音乐作品，巴赫一头钻进去，汲取、融合着欧洲各种流派的艺术成就，开阔了自己的音乐视野。为了练琴，他常常彻夜不眠，通宵达旦。每逢假日，他都要步行数十里去汉堡聆听名家的演奏。

巴赫曾向许多有名的音乐家请教，但却从未得到过一位正式的老师长期的指导。但是正因如此，他如同一只辛勤的蜜蜂，到处寻找与吮吸营养。后来，他在一家室内乐队当小提琴手。1723 年巴赫 38 岁时开始在莱比锡的圣·托马斯教堂任歌咏班领唱，他在余生的 27 年中一直担任这个收入很低的卑微的职位。

18 世纪上半叶的德国处于一种封建贵族割据的分裂状态，一个城堡便有一国诸侯，领土不大的德国居然被瓜分为 352 个各自独立的小国。大大小小的领主们为了炫耀自己的权势与豪华，一般都设有歌剧团和宫廷乐队。民间艺术家们为求生存，大都沦为宫廷或教会的乐工、奴仆。当时的德国，无论在宫廷还是教堂，都把乐师视作与勤杂工、看门人、厨师等完全相同的奴仆。

在巴赫的一生中，贫困与死亡像一对可怕的魔影紧紧相随。他不仅从未享有富裕舒适的生活，而且从 9 岁起就因父母相继去世而开始感受到死亡威胁，长大成人当父亲后，又眼睁睁地将自己孩子中的 11 个送进了坟墓。

巴赫是一位多产的作曲家。他的作品包括将近 300 首的大合唱曲；组成《平均律钢琴曲集》的一套 48 首赋格曲和前奏曲；至少还有 140 首其他前奏曲；100 多首其他大键琴乐曲；23 首小协奏曲；4 首序曲；33 首奏鸣曲；5 首弥撒曲；3 首圣乐曲及许多其他乐曲；总计起来他写出了 800 多首严肃乐曲。

但是，巴赫在世时作品一直不为人们所欣赏，他既没有显赫的地位，也没有赢得社会的承认。是后来的莫扎特和贝多芬首先发现了他的宝贵价值，他们被巴赫音乐的深刻、完美与无懈可击所折服。贝多芬第一次看到巴赫的某些作品时，不禁惊叹道："他不是小溪(巴赫的名字是'小溪'的意思)，是大海！"

1829 年，门德尔松在柏林的一次具有划时代意义的演出中使巴赫的《马太受难曲》复活了。这首曲子被认为是所有宗教音乐中最伟大、最丰富的典范。

今天，全世界任何一个严肃的音乐场所都在演奏巴赫的音乐，巴赫被称为"不可超越的大师"。世界公认：他的出生，是世界的幸运，也是音乐的幸运。

> 父亲留下来的财富 <

他 12 岁，上小学五年级时，墨西哥河沿岸要进行改造，挖出的沙石堆满河岸。他们家就住在离河不远处，父亲认为这又是一次赚钱与教育孩子的极好机会，于是将河岸一侧两公里的沙石堆买了下来。

像以往一样，他问父亲："我能在这次生意中做些什么？"父亲说："你把沙石中漂亮的彩色鹅卵石挑出来，我会以每吨 10 比索的价格收购。"他起早贪黑地干，可整整一个冬天，不过挑出了 200 多米沙石中的漂亮石头。一天父亲对他说："你不能找一些愿意做这件事的同学和你一起来做吗？"父亲还让他向同学们承诺：每挑出一吨漂亮鹅卵石，就付给他们 6 比索。

同学们觉得这是一件好玩儿的事，还可以挣到这么多的钱，就有好几个人报了名。不到三个月，大家就挑出 400 多吨彩色鹅卵石。这一次，同学们有挣到 200 多比索的，他却整整赚了 1200 比索。父亲帮他把这些钱存了起来。

事后，父亲问他："孩子，你从这件事中学到了什么？"他想了想说："如果要赚到钱，必须先分一些利益给别人。"父亲满意地点了点头。后来他意识到，其实父亲这些年来就一直这样在教育着他。

在他7岁时，父亲开始给他零花钱，一周10比索，并对他说，要是用途合理，下周会增加2比索以示奖励。他把钱全部装进瓶子里，想：这样父亲会给自己奖励了。可到了第二周，受到的却是批评：给你钱就应该花，只是不能乱花。

他当时尽管不太明白父亲的意思，可他也开始比较着花钱了。如他爱吃水果糖，可发现父亲的大商店卖的同一品种同样分量的糖比小店贵了半个比索，于是他每天会不辞辛苦地走几百米到小店去买。一周下来，他节约了3比索。几个星期后，他用节约下来的钱从书店买了一本他爱看的童话书。直到这时，父亲笑了，当即奖励了他10比索。

从此他明白，钱只有合理地花去，既能让商家赚到钱，自己也会有收益，更能得到父亲的奖励。在他10岁时，墨西哥中小学生流行收藏棒球卡。因为卡上印有棒球运动员的肖像，一旦有哪位运动员在比赛中有突出表现，以这名运动员为肖像的棒球卡就会升值。

有一天，父亲和他一起去买棒球卡，父亲买的是印有当时一位比较红的棒球运动员的棒球卡，父亲让他选择的是一位名不见经传的新手，而且各买了100张，父亲从儿子的储蓄中取款付了他该付的钱。半年后，父亲买的棒球卡价格稳中略升，而他所买的却十分了不得，随着那位运动员的蹿红，价格翻了好几番，就这 100 张卡片让他赚到 1000 比索。

这件事更是让他明白，拥有一笔随时可动用的储蓄，就可用到自己想用的地方中去。他后来总会对人说，要会花钱，这种花钱就是投资，合理的投资是分利给别人，自己也能赚到更多的钱。

他就是墨西哥电信大亨卡洛斯·斯利姆·赫鲁，父亲名叫朱立安。2007 年 7 月，67 岁的卡洛斯以 678 亿美元的资产成功超越微软公司创办人比尔·盖茨，成为全球首富。2012 年，卡洛斯以 4100 亿元人民币的身家再次蝉联世界首富。

卡洛斯的父亲去世时给他们留下了一笔不小的财富，但是卡洛斯明白，父亲留给自己最大的财富就是创造财富的智慧。他说，还是在他 7 岁时，父亲就让他看过一本专门记录慈善捐款的账本，上面写着：某年某月，捐给教堂 10 万比索，看望员工生病的家人送出 2000 比索……父亲告诉他，这本账册只有支出，没有收入，不过这只是表面现象，因为他不仅收到帮助他人的快乐，还收获了良好的人缘，更多的人也因此愿意照顾他的生意，而这就是父亲智慧的根本原因所在。

> 成功也需要时间 <

大学毕业后，我一直找不到合适的工作。虽然自己还算勤奋，但画出来的画总是无人问津，养活自己都成了问题。我开始怀疑自己选择美术专业、立志成为绘画名家，是不是一个彻头彻尾的错误。现实生活和理想之间到底有多远，是不是我永远到达不了成功的彼岸呢?

为了生计，我不得不暂时搁下了画笔，在那个北方的大都市里，我摆过地摊，卖过早点。两年后，我结束了漂泊生活，参加了市里举办的招教考试，成为了一所中学的美术老师，从此，我的生活就是每天在黑板上教学生画一些简单的图画。我常常悲哀地想，我的理想早已随风而去了，今生我不可能再画出什么名堂，成为什么绘画大师了，那只不过是一场遥远的梦罢了。

直到有一天遇见了周顺伯，我才改变了自己这种悲哀的想法。那是仲秋一个晴朗的天气，我带着学生去周风楼村写生。这是一个好美的村子，藏在大山的皱褶里，清一色的青石古老民居，村前有河水缓缓流过，像一幅淡淡的水墨画。

趁着学生都在静静地绘画，我在村子里转悠，在一处农院门口，我遇见了以前的老房东周顺伯。

“小伙子，最近这两年怎么不见你来画画了？”他蹲在一大片金黄的晾晒着的玉米前，背靠一棵果实累累的大枣树，吧嗒吧嗒地吸着旱烟袋，笑眯眯地问我。

我在他身旁坐下，望着这位以前给过我许多帮助的老人，便把毕业后这些年的际遇一股脑地告诉了他。最后，我说出了放弃画家梦的想法，再也不想搞什么创作了。

他抬起皱纹密布的脸，望着我不解地说：“人要想做成一件事哪有那么顺的？别的大道理我不懂，我是个种庄稼的，只懂得种地，你跟我来看看我院里今年的收成吧。”

他拉着我进了他家的院子，宽大的院子里晾满了玉米，窗台上，树上，房顶上，到处是一串串金黄的玉米，好像是秋天绝美的音符，又像是一首关于秋的抒情诗。

“你再来屋里看看。”周顺伯一脚迈进他的老屋，指着地上几个大囤里的粮食让我看。一囤是满满的粉红的花生米，另几只囤子里是黑豆、黄豆。哦，这个秋天对周顺伯来说是丰收的。

我正要祝贺他的丰收年，他好像看穿了我的心事，截住我的话说：“现在的收成喜人吧！可这里面的劳动你这城里人知道吗？从播到收要经多少道坎？就拿这院子里的玉米来说，播种后，就怕种子被虫子咬了，怕大雨冲了。出苗了，遇到虫害，要打药，还要施肥、除草。好不容易等到玉米扬花，这时候最怕雨水。后来结了穗，夏天狂风多，也许一阵风就会把一地庄稼吹倒。你说这收获粮食容易吗？要想收获，你要付出努力，但最重要的是你还要等，要等三个月，让它们有足够的时间成长，这样玉米才能长好啊！你看看你现在遇到一点小风小浪，就想后退，我看你要是个庄稼人，肯定是不合格喽。”

说完这些话，周顺伯又点起了一锅旱烟，香喷喷地抽起来，不再说话，只是眯起眼看着我笑。我望着他身后那些金灿灿的玉米，也沉默了，陷入了沉思。

回来后，我拾起了抛弃许久的画笔，把业余时间用在了绘画上。在完成的许多幅作品中，有一幅名为《收获》，我尤为喜爱。画中，高远的蓝天下，一位老农蹲在一棵果实累累的枣树下，笑呵呵地抽着旱烟，他的面前、身后全是晾晒着的玉米。

一年后，北京有个绘画展，我把这幅油画送去参展。我牢记着周顺伯的话，坚持进行创作，渐渐地参展的事被我抛在了脑后。两个月后，我接到了一个电话，我这幅画得了二等奖，三天后去北京领奖。

我没有激动若狂，只有一股淡淡的欣喜，如晚来的秋风拂面。那天下午我去村子里找周顺伯，想告诉他这个好消息，他的家人告诉我，他去闺女家了，不在。

我沿着村边的麦地步行回来，天冷了，麦苗上盖着一层层的薄霜，它们瑟缩着叶子，在冷风中紧紧地贴在土地上，经过风霜，来年春天，麦苗会茁壮成长。我一边走一边又想起周顺伯的话，别急，给成功一个生长的时间。

> “一句话”带来的成功 <

在我们每个人的成长道路上，在某个关键时期，总会出现一个关键性的人物。这个人或许是你的父母，或许是你的老师或朋友，或许是你的恋人。他所说的看似普通的一句话，却会让你牢记心中，永生不忘。普通人是这样，那些成功人士也不例外。

“总有一天你会明白，仁爱比聪明更难做到”

全球最大的网上书店亚马逊公司的总裁杰夫·贝索斯小时候，经常在暑假随祖父母一起开车外出旅游。

10岁那年，贝索斯又随祖父母外出旅游。旅游途中，他看到一条反对吸烟的广告上说，吸烟者每吸一口烟，他的寿命便缩短两分钟。正好贝索斯的祖母也吸烟，而且有着30年的烟龄。于是，贝索斯便自作聪明地开始计算祖母吸烟的次数。计算的结果是：祖母的寿命将因吸烟而缩短16年。当他得意地把这个结果告诉祖母时，祖母伤心地放声大哭起来。

祖父见状，便把贝索斯叫下车，然后拍着他的肩膀说：“孩子，总有一天你会明白，仁爱比聪明更难做到。”祖父的这句话虽然只有短短的19个字，却令贝索斯终生难忘。从那以后，他一直都按照祖父的教诲做人。

“回去勇敢地面对他们，我们家里容不得胆小鬼”

美国前第一夫人希拉里·克林顿在4岁的时候，她家从外地搬到芝加哥郊区的帕克里奇居住。来到一个新环境后，活泼好动的希拉里急于交上新朋友，但很快她就发现这并非易事。每当她到外面去玩耍时，邻居的孩子们不是嘲笑她就是欺负她，有时还将她推来推去或将她打倒在地。每当这时她都会哭着跑回家去，再也不出家门了。

希拉里的母亲静静地观察了几周后，终于有一天，当希拉里又一次哭着跑回家时，母亲站在门口挡住了她的去路。母亲大声对她说：“回去勇敢地面对他们，我们家里容不得胆小鬼。”希拉里只得又硬着头皮走出家门，这让那些欺负她的孩子大吃一惊，他们没料到这个小丫头会这么快又回来。在以后的岁月里，每当遇到困难与挫折时，希拉里都会鼓起勇气，大胆地迎接挑战。

“你可以失去你的财富，但是你决不能失去你的性格”

原美国布朗大学校长，现任卡内基基金会主席瓦尔坦·格雷戈里安的童年十分不幸，在他6岁的时候，他的母亲便因病去世了。是他的祖母在伊朗的山区将他带大的。

格雷戈里安的祖母也是一个很不幸的女人。由于战争和疾病，她失去了所有的孩子。虽然命运对她十分不公，但她并未因此失去对生活的信心。

为了让格雷戈里安从失去亲人的阴影中走出来，健康快乐地成长，祖母经常教导他说：“孩子，有两件事一定要记牢。第一是命运，那是你无法控制的；第二是你的性格，那可是在你掌握之中的。你可以失去你的美丽，也可以失去你的健康和财富，但是你决不能失去你的性格，因为它是掌握在你自己手中的。”祖母的这句话在格雷戈里安的成长道路上，起到了十分关键的作用。

“如果有什么事情值得去做，就得把它做好”

沃尔特·克朗凯特是美国著名的电视新闻节目主持人，他从孩提时代就开始对新闻感兴趣。并在14岁的时候，成为学校自办报纸《校园新闻》的小记者。

休斯敦一家日报社的新闻编辑弗雷德·伯尼先生，每周都会到克朗凯特所在的学校讲授一个小时的新闻课程，并指导《校园新闻》报的编辑工作。有一次，克朗凯特负责采写一篇关于学校田径教练卡普·哈丁的文章。

由于当天有一个同学聚会，于是克朗凯特敷衍了事地写了篇稿子交上去。第二天，弗雷德把克朗凯特单独叫到办公室，指着那篇文章说：“克朗凯特，这篇文章很糟糕，你没有问他该问的问题，也没有对他做全面的报道，你甚至没有搞清楚他是干什么的。”接着，他又说了一句令克朗凯特终生难忘的话：“克朗凯特，你要记住一点，如果有什么事情值得去做，就得把它做好。”

在此后七十多年的新闻职业生涯中，克朗凯特始终牢记着弗雷德先生的训导，对新闻事业忠贞不渝。

“只管去干活就行了，然后拿着钱回家来”

托妮·莫里森是美国著名黑人女作家，1993 年诺贝尔文学奖获得者。在莫里森的少年时代，由于家境贫困，从 12 岁开始，每天放学以后，她都要到一个富人家里打几个小时的零工。一天，她因工作辛苦向父亲发了几句牢骚。父亲听后对她说：“听着，你并不在那儿生活。你生活在这儿。在家里，和你的亲人在一起。只管去干活就行了，然后拿着钱回家来。”

莫里森后来回忆说，从父亲的这番话中，她领悟到了人生的四条经验：一、无论什么样的工作都要做好，不是为了你的老板，而是为了你自己；二、把握你自己的工作，而不让工作把握你；三、你真正的生活是与你的家人在一起；四、你与你所做的工作是两回事，你该是谁就是谁。

在那之后，莫里森又为形形色色的人工作过：有的很聪明，有的很愚蠢；有的心胸宽广，有的小肚鸡肠。但她从未再抱怨过。

来，做一只“跑腿兔”，去拯救世界吧

[第五辑　拯救世界的跑腿兔]

“跑腿兔”们把每一次顺利完成任务

都当成人生游戏中的一次通关

替人分忧

实现了兔子们的游戏人生

> 跟着牦牛走的女孩 <

她出生在美国，7 岁时回到家乡台湾。18 岁时，她又到美国一流的学府沃顿商学院攻读经济管理。2003 年，还在读书的她到秘鲁实习，那里的贫困状况让她深有感触。她时常一个人在想：为什么我会有这么好的机会，而其他人没有？当我到达一个贫穷的地方，我可以很容易地搭车、搭飞机离开，但他们或许一辈子都没有这样的机会。从这个时候起，这个女孩就下定决心以后自己创业，专门创办社会企业来改变一些落后地区的面貌，为贫困中的人们提供更多的机会。

这个女孩名叫乔婉珊。沃顿商学院毕业后，乔婉珊考上了哈佛大学，她把更多的注意力和精力放在了社会企业的研究上，并且开始寻找合适的项目。

2006 年初，乔婉珊与来自香港的哈佛同学苏芷君一起来到中国西南考察，看看在这里能不能找到创办社会企业的项目。

在云南，乔婉珊和苏芷君看到了牦牛。第一次见到牦牛的时候，她们并没有怎么在意，直到遇到了著名的探险家黄效文。黄效文告诉她们，牦牛是中国特有的一种动物，它们生长于海拔超过 3000 米的高山地区，全世界 1400 万头牦牛中，中国西部就占了 1300 万头。牦牛的粗毛可以做帐篷跟绳子，细毛可以做衣服和毯子，而它的牛奶可以做成酥油和奶茶，甚至它的粪便都是很重要的资源。黄效文的一番话，让两个女孩顿时察觉到牦牛身上的商机。如果她们办一个公司，把牦牛身上的宝贝全部开发利用出来，不是就可以帮助贫困的牧民，做成一个她们向往的社会企业了吗？她们就此决定以牦牛作为创业项目。

回到美国之后，乔婉珊和苏芷君很快就写出了用牦牛创业的计划。这个计划赢得了 2006 年哈佛大学的商业计划奖金 5 万美元。有了创业资金，在 2006 年 9 月，从哈佛大学毕业的乔婉珊和苏芷君联合成立了“shokay”公司，正式开始了她们的牦牛事业。

怀着满腔热情，两个哈佛女孩开始了在中国西部的艰难创业历程。第一次收购牦牛绒时，几乎没有一个藏民来，所以她们不得不上门收购。在这里，每个山头只住两三户人家，所以她们奔波了 8 个小时之后，才收到 30 公斤牛绒。考虑到云南山区的交通实在不便，乔婉珊和苏芷君就将牦牛绒的收购点转移到了比较贫寒的青海。但是很快，她们又发现青海的藏民抓绒的方式比较传统，抓下来的都是混杂的牛毛和牛绒。为了让牧民们的抓绒和分类更科学，乔婉珊和苏芷君就先对牧民们进行技术培训，让他们都懂得提高牦牛绒的品质，继而卖得好价钱。

费了很大的劲，两个哈佛女生终于以较高的价格收购了一批牦牛绒。为了让牦牛绒成功地染色、纺纱、编织，接下来，她们又马不停蹄地找生产厂家合作。但是因为牦牛绒量比较少，又不好纺，所以很多厂家都不愿意接这样的单子。当她们折腾一年多，先后找了40多个厂家之后，终于找到了一个合作者，纺出了比较理想的牦牛绒纱线。

凭着一股韧劲，乔婉珊和苏芷君的公司渐渐步入正轨，生意越来越红火，她们相继又开了多家分店。如今，遍及全球的120多个店铺中，都在销售乔婉珊她们的牦牛绒产品，每种产品的卖价也都不低，一双小小的编织童鞋就可以卖到人民币200多元。随着市场销量的加大，越来越多的藏区群众得到实惠，原本20多元一公斤的牦牛绒现在都可以卖到100元—200元之间。

从哈佛到青海，再到往世界100多家店铺销售牦牛绒制品，乔婉珊和苏芷君吃了很多苦，用她们自己的话来说，如果当初选择在大公司工作，肯定比现在过得轻松滋润。可是她们并不后悔自己的决定，因为她们觉得，能够帮助贫困的人，生活就变得更有意义，所谓的辛苦，也充满了快乐。

＞白开水喝出甜蜜＜

北京的一栋大厦里，一位青年男子正坐在电脑面前看微博。一条私信吸引了他的注意，这条私信来自一位在核电站工作的工程师，工程师在私信中表达了对他的感谢之意，因为他公司发布的手机应用帮助工程师和同事们调整好了长期混乱的工作与生活节奏。

私信中提到的手机应用叫做“正点闹钟”，而这位青年男子正是发布这款手机应用的公司总裁及创始人之一的董博英。董博英收到类似的感谢信已经有很多次，这让他感到既欣慰又荣耀。然而就在几年前，他从来没想过会做手机闹钟这样平淡无奇的应用，更没想过因此而得到许多人的感激。

大学刚毕业的头几年里，董博英一直在不断地换工作，他想找一个适合自己发展又是从事高端行业的公司，因为他一直梦想着有朝一日能自己创业。终于，董博英进入了梦寐以求的——金山公司。在金山公司，董博英加入了一支专研手机网络安全的团队，他因此结识了很多和他一样正在为了梦想而拼搏的年轻人。

在金山公司工作几年后，手机互联网行业迎来了爆炸式的大发展，董博英和同事们都感觉到了创业良机已经来临。对创业的热情，使他们相继放弃了优越的待遇，离开金山组成创业团队。

此时他们却遇到一个难题：应该选择哪种类型的应用作为创业的主要方向呢？他们想了很多的方案，这些方案涉及的手机应用领域都是时下最流行的。但是网络上已经存在了很多类似的产品，并且积累了大量用户群，剩下的市场空间非常有限。

讨论会议一次又一次地陷入僵局，团队的创业热情也一次又一次地降温。有人提议继续从事以前擅长的手机网络安全应用的研发。但是董博英认为这样的做法，一方面桎梏了团队的创新意识，另一方面和老东家做一样的产品是件很不道义的事情。就这样团队成员们整天争论得面红耳赤，最后产生了严重的分歧，甚至差点导致团队分裂。

如此糟糕的情况让董博英有些失望，却不甘心就此放弃。董博英不再理会各种方案与讨论，用自己的手机疯狂地下载各种手机应用与游戏，每天从早到晚不停地打开使用，想从中得到灵感。

几天的不眠不休使他很疲倦，一天早上，他睡到很晚才起床，他很懊恼手机上的闹钟没有叫醒他。就在这时，他突然想到，手机对于自己来说除了打电话、发短信，使用最频繁的功能就是查看时间与定制闹钟。而他一直觉得手机系统自带的闹钟很不好用，网络上也没有好用的闹钟应用，这个最平淡的应用一直被他忽略。

他立刻意识到这就是他的团队应该从事的方向，这让他重新兴奋起来。

董博英回到公司后立即组织起团队开始调查、分析手机闹钟应用的需求，工作一开展，大家就立即发现几乎所有团队成员都对自己的闹钟应用存在不满，却没有找到解决办法。而闹钟又是每个人都需要的应用，是真正最“流行”的应用。大家重燃创业热情，迅速研发出“正点闹钟”手机应用。

随着“正点闹钟”研发的深入，董博英和团队成员们发现原来网络上存在着无穷无尽的闹钟应用需求。比如：对节日、生日的提醒，对吃药、喝水的提醒，对健身、养生的提醒等等。最变态的需求是核电站的员工提出的42天一循环，每天上班时间都不同的闹钟。因此“正点闹钟”独家研发了50天一循环的“变态”闹钟，帮助核电站员工将混乱的作息变得井井有条。

到2013年，经过短短三年的发展，“正点闹钟”的用户数已经突破千万，成为上千万人的每天生活必需应用。很多记者前来采访董博英，问他是如何想到做手机闹钟这个无人问津的应用，并且做得如此成功。董博英回答道：“我曾经为了创业成功而创业，并因此陷入困局。但是当我发现可以做出帮助用户的产品时，我才找到了自己创业的真正意义，即使产品平淡无味如凉白开，也能喝出甜蜜滋味来。”

>把自己打造成一个成功的人<

他出生于安徽省无为县的一个普通农民家庭。他曾拥有快乐纯真的童年，但上初中后，家庭接连出现变故，疼爱他的父母都相继离他而去。他变得沉默、深思、刚强、独立。中学的老师说：“这孩子，看起来是有出息的样子。”

1983 年，他以优异的成绩考入位于长沙的中南工业大学。四年后，21 岁的他成为北京有色金属研究院的硕士研究生。他专注于电池研究，勤奋、坚韧，成绩斐然。于是他被破格提拔为研究院 301 室副主任，许多人评价他：“年轻有为，看起来前程似锦。”

研究院要在深圳成立格力电池有限公司，不满 30 岁、却被公认为“年轻有为、前程锦绣”的他竟得到了成为该公司总经理的机会。那时，一部普通的“大哥大”移动电话要三万元，一块电池也要上千元，国内对移动电话电池的需求十分急迫。但身处国企的他受到诸多限制，苦干了三年没得到发展。1995 年，胸怀壮志的他想自己创业，可创业资金从哪里来？他想到了做大生意的表哥，开口向表哥借钱。看着胸有成竹的他，表哥想了想，果断决定借250万元给他。表哥的理由是：“你看起来是一定会成功的。”

拿着借来的钱，他在深圳莲塘的一个旧车间里开始了创业传奇。他用了8年时间，使旗下企业的镍镉电池生产量列世界第一，镍氢电池生产量列世界第二，锂电池生产量列世界第三，并进军汽车行业。他成为了名副其实的“电池大王”和“汽车之子”。其后，雄心万丈的他又将眼光瞄向了世界高端，要利用自己在电池和汽车生产领域的核心技术打造世界领先的电动汽车品牌。这是连美国通用汽车都没能做到的事，他能做到吗？

他做到了！2009年6月30日，美国总统奥巴马在一次演讲中说：“在电动汽车领域，中国同行已经远远走在了美国前面……”奥巴马所说的中国同行，指的就是他，比亚迪董事局主席王传福。

早在2008年9月27日，“股神”巴菲特就看好王传福的电动汽车项目，斥资18亿港元入股比亚迪。巴菲特这样向朋友解释投资理由：“他（王传福）可以像爱迪生那样解决技术问题，同时又可以像韦尔奇那样解决企业管理问题，我从来没见过这样的事儿。这家伙就像是爱迪生和韦尔奇的混合体，一定会成功的那种人。”

巴菲特与王传福合作的巨大影响力，使比亚迪公司的股票飙升。2009年10月13日，在最新发布的“胡润富豪榜”上，王传福以350亿元的个人财产成为中国大陆新首富；而此时的比亚迪，也成为拥有超过 13 万名员工、具有世界影响力的公司了。

从借钱创业，到成为国内新首富，短短十几年间，王传福创造了令人目眩的成功传奇。他本是个不名一文的农家子弟，但在他成功之路上的几个关键点，在每一个关键时刻，他似乎总会遇到“贵人相助”，总能把握住关键的机会，这是为什么，难道仅仅是他运气好吗？

一切皆有原因，成功绝非偶然。就王传福来说，“看起来是有出息的样子”“看起来前程似锦”“看起来做生意一定会成功”“就像是爱迪生和韦尔奇的混合体，一定会成功的那种人”，正是别人对他的这一系列看法，造就了他的成功。从他还是个中学生的时候起，他看起来就像是个能成功的人，所以“贵人”们才愿意帮他，机会才选择了他。

他成功，是因为他看起来早就像能够成功。如果研究其他的成功人士，我们也会发现这个很有意思的现象：很多人之所以成功，是因为他们看上去能成功。

要成功，不妨先在性格、气质、学识、胸襟等各方面，把自己打造成一个看起来能成功的人！

>让自己成为珍珠<

1996 年 8 月初，18 岁的李玉刚收到了人生一份重要礼物，他被长春艺术学院戏剧文艺编导专业录取，成为全省 25 名幸运儿之一。苦读 12 年，如今得到回报，朴实的他脸上露出憨厚的微笑。但微笑仅仅保持了 3 秒钟，就凝固在他的脸上。一年光学费就要 4500 元，这是自己这个农民家庭 3 年的收入呀！那一刻，他的内心就像打翻了五味瓶，酸甜夹杂。

那天晚上，满怀心事的他没有吃晚饭，坐在自己的小房子里发呆，几许失落，几许惆怅。百无聊赖中，他随手翻开了一本书，看到了一个小故事，一个改变他人生轨迹的小故事。一个年轻人，觉得自己怀才不遇，有位老人听了，随即把一粒沙子扔在沙滩上，说："请把它找回来。""这怎么可能！"年轻人瞪大了双眼。老人微笑着，又把一颗珍珠扔到沙滩上，"那现在呢？如果你只是沙滩中的一粒沙，那你不能苛求别人注意你，认可你。如果要别人认可你，那你就想办法先让自己变成一颗珍珠。"

对呀，如果是珍珠，即使在黑夜也会闪闪发光；条条大道通北京，为什么要抱怨命运不公呢？笑容又回到了他的脸上，他紧握右手，朝自己的内心大喊：“加油！”决定逆流而上，勇敢接受人生的困境和挑战。第二天，他烧掉了那张红红的大学录取通知书，揣着 15 元车费，登上了前往长春打工的长途汽车。初到长春，他在一家歌舞餐厅打工。他发现那里演员挣得最多，便开始暗记歌词，偷偷地练习唱歌。练得差不多了，他开始和带团的安冬套近乎：“安哥，我也想学唱歌，能不能给我个机会，我啥也不要。”“行，客人少时，你可以上去唱，就当练一练。”听李玉刚试唱后，安冬一口答应下来。到李玉刚第一次登台，看到台下那么多观众盯着自己，紧张得热汗直冒，可还是把《新鸳鸯蝴蝶梦》完整地唱了下来。一曲唱罢，有几个观众竟给他送花，还有一位老板一下给了他 100 元小费。当晚，他激动得一夜没睡着，打电话把自己登台唱歌的事告诉了母亲。那天晚上，他做了一个梦，梦见自己站在世界著名的悉尼歌剧院的舞台上纵情放歌。醒来后，他在日记本上写下这样一行字：既然能做这样的梦，就有实现的可能，就必须有追梦的信心和脚步。

再练习唱功时，他对自己要求更严了，力求完美。他根据自己的声色特点，将民歌、舞蹈、京剧有机地融为一体，唱腔高亢嘹亮、甜美悠扬。1998 年，他迎来了命运的一次转机。一个朋友从西安打来电话说那边有场子，价钱还不错，他拎起包踏上了西去的列车，继续白天音像店晚上歌舞餐厅的打工生活。1998 年的抗洪刚结束，有一首男女对唱的歌曲《为了谁》红遍大江南北，他和一个女歌手搭档演唱。一天，在登台之前，沙袋、舞蹈都已经准备就绪，女歌手突然不见了。老板如热锅上的蚂蚁，李玉刚一咬牙说，我自己来。在所有人的疑虑中，他登台了，这是他的第一次反串尝试，大获成功。

俗话说艺多不压人。深深懂得这个道理的他拜梅派艺术传人马洪才为师学习梅派京剧艺术，跟著名化妆师毛戈平学习世界一流的化妆技术。静水深流，天道酬勤，命运终会垂青那些有准备的人。2006 年，厚积薄发的他参加中央电视台的星光大道比赛，连夺周冠军、月冠军。2006 年 9 月 30 日，中央电视台 2006 年星光大道总决赛，28 岁的他以一曲《贵妃醉酒》，惊艳四座，一举成名。男扮女装李玉刚，天下谁人不识君？

后面的路越来越顺。2007 年 2 月，李玉刚代表中国在澳大利亚悉尼歌剧院举办了个人独唱音乐会，成为继宋祖英 2002 年之后第二个登上悉尼歌剧院开个人演唱会的中国人。李玉刚以男扮女装的表演再次惊艳了有着 39 年历史的悉尼歌剧院，这座耸立海边像风帆像贝壳又像梦幻的建筑，因李玉刚而更加璀璨夺目，就像李玉刚梦想里的那颗大大的珍珠。舞台上，他一会儿变成古典美女，载歌载舞，妩媚撩人；一会儿又恢复了男儿本色，一身白色西装，潇洒时尚，不仅令自己的同胞，也令金发碧眼的老外们看得入迷，拍红了手……

2010 年年底，高中毕业的李玉刚，被中国歌舞剧院作为特殊人才引进。接受采访时，朴实、倔强、执著、“草根”出身的李玉刚眼角湿润：“贫穷并不可怕，可怕的是没有梦想，穷人的孩子也有追梦的权利。只要你坚信自己是一颗珍珠而不是沙子，那么，总有一天梦想会照进现实，终有一天会发出夺目的光彩。”

>捡起来的“亿万富翁”<

默巴克曾是美国斯坦福大学普通的穷学生，没有显赫的家世，没有过人的特长，也没有本钱去创业。父母都是普通老百姓，工资低，家里孩子又多，生活常常陷入困境。为了帮助父母渡过难关，他只好在大学里勤工俭学，课余时间当清洁工，专门打扫学生公寓。

有一天，他打扫宿舍时，发现墙脚、桌下、床下总有一些硬币，就随手捡起来擦掉灰尘，以为是主人无意遗漏下来的，马上还给宿舍的主人。谁知好心被当成驴肝肺，他的热情没得到感激，却招来了一顿白眼。主人冷淡地说道：“那是我故意丢的，像这些 1 美分、2 美分、5 美分的硬币面值太小，买不了多少东西，商家不愿意收，我们携带也不方便。请你不要没事找事，扫你的地去吧！”拾金不昧，挨了一顿骂，默巴克有些委屈，可是出自寒门的他从来都是缺钱，没想到许多同学有钱不花故意扔掉。

他觉得这些硬币扔掉很可惜，也影响货币流通，就写信给财政部反映这种现象，希望财政部能采取相关措施。很快接到财政部回信，得知全国每年有310亿美元硬币在流通，其中105亿美元被人故意扔在各种角落里。105亿美元，对于来自小职员之家的默巴克来说，是个天文数字。他发现这里蕴藏着巨大的商机，财神已向他招手。

大学一毕业，默巴克没有去人才市场找工作，而是决定创业。他的创业并不需要大量的启动资金，也不需要过多的设备，没有什么风险，只需要自己发明的自动换币机。他注册成立了“硬币之星”公司，这个公司很快就深受顾客和超市的欢迎。以前顾客的硬币随手扔掉，不拿到超市购物。而这个公司在顾客与超市之间架起了一道桥梁。超市里放有默巴克发明的自动换币机，顾客可以把自己的一把硬币投进自动换币机，自己不用数，换币机自动显示硬币总的面值，并打印成一张小票。凭这张小票顾客可以购物。当然天下没有免费的午餐，默巴克要收取9%的手续费，与超市分成。顾客当然愿意，以前被扔掉的硬币现在可以派上用场。

这种模式很快在全国推广，全国各地的超市纷纷要求加盟。默巴克的“硬币之星”公司在美国商业界一夜成名，发展迅速，连锁店遍及全国各地，很快成为大上市公司。

默巴克随手捡起了“亿万富翁”，创造了一个财富神话。

>有才别“怀”着<

作为公司的人事主管，员工的离职谈话是我进行的，其实就是安抚员工，和员工谈判，尽量满足员工的被解雇赔偿金等。对于主动离职的员工，人事主管也要找对方谈话，目的是弄清楚为什么辞职，如果是公司的过错，以方便公司进一步规范。

那次，我找宋坤谈话，他是公司研发部的职员，毕业于一家著名工科院校的研究生，当初我们老总也是看中他的学历，当即决定要了他，遗憾的是，他进公司两年了，工作上一直很平庸，老总后悔自己看走眼了，就想找机会把他解雇，没想到，在被解雇之前，他居然主动提出辞职。

按照公司程序，我找宋坤谈话，问他为什么辞职。他长长地叹了口气，说道：“怀才不遇！”然后一脸怨愤地望着天花板。我说道：“你知道的，咱们公司在行业内也算是数一数二的大公司了，进来并非易事！当初老总面试你后拍板让你进来，并且破例没有给你试用期，直接让你转正，这本身就是非常信任你的能力准备重用，你怎么还说‘怀才不遇’？”听我这么说，宋坤怨愤的表情有所放松，眼睛也从天花板上移了下来，他依然愤愤地说：“老总对我重用？你看新提拔的研发部副经理，就是个大专学历，现在大专学历的都成我上司了，还说对我能力的信任对我重用？我就是被公司气走的！”听宋坤这么说，我说道：“是，新提拔的研发部副经理是大专学历，那是因为当初公司刚成立的时候，由于待遇差，不好招人，于是把他招了进来。他虽然是大专学历，但是，他在这里工作已经 9 年了，一直都非常勤奋，去年上半年的时候，咱们公司的产品在市场上一度被同行业的一家公司升级换代后的产品打压得很惨，老板急得不得了，后来还是他带着一个公关小组把咱们的产品升级得比对方更先进，咱们的产品在市场上的危机才算解除，他为公司立下了汗马功劳，老总提拔重用他也是理所当然的！”宋坤撇嘴道：“就他那个所谓的升级换代啊？当时，我的思路和他那个研发小组的思路是一样的，如果我加入那个团队，他们研发小组至少早成功一个月，就会避免走很多弯路！”我笑着说：“你这是讲故事，没有实现的东西不要讲！”宋坤见我如此轻视他当初的思路，急得竖起手掌就要发誓，我劝道：“发誓也没有任何意义，关键你没有把你的本事拿出来让老板看到，老板看到的只是你一天天的碌碌无为，我和你说，幸亏你辞职了，如果不辞职，公司也准备把你解雇掉！”

宋坤惊讶地张大嘴巴，好半天才合拢上。他不再怨愤了，神情开始沮丧起来，甚至还有些后悔。我问道：“是不是后悔没有把真本事拿出来？”他点点头说道：“是的，确实后悔了，你说的对，即使有天大的本事，如果不拿出来，别人也不会对你刮目相看，我当时觉得公司的升级换代是老员工应该操心的事情，毕竟他们的薪水比我高很多，我认为自己拿多少薪水就操多大的心，于是，就没有把自己的思路说出来……”

宋坤后来去了一家同类公司的研发部工作，短短一年，就因研发业绩在那里脱颖而出。当研发部经理被提拔为副总后，宋坤被老板提拔为研发部经理。不用说，他是把自己的才能拿出来给老板看了，没有把“才华”揣在“怀里”，因此才受到老板的重用的。

职场中，很多时候“怀才不遇”非常正常，那是你把“才”在怀里揣着了没有给别人，特别是没有给老板看到，如果你把自己的“才”毫不保留地拿出来让大家特别是老板看到，那么，你的“才”有多高就会受到相对应的重视。

>主动出击就会成功<

去医院排队挂号，一个小时后人家告诉你号没了；去食堂打饭，师傅告诉你他们下班了；兴冲冲地跑去图书馆，却发现图书证没带；好不容易相中一件衣服，导购小姐却斜着眼说没你穿的号……日常生活中，这类憋屈事实在太多了。你是郁闷地默默离去，还是主动出击，想尽办法，去抓住每一个可能的机会，给自己解围？

先以一个成功换机舱座位的小故事给你点启发吧：

在和妻子从巴黎度假归来的途中，为了能坐在一块，我们提早 6 小时到了机场。谁知机舱座位早就被预订好了，最近的两个空位相隔了 10 排以上。

我那大无畏又会法语的老婆燃烧起她的小宇宙，以执著又较真的 A 型血性格，开始跟值机柜台的服务人员交涉。在尝试了各种自助和人工服务之后，那位已经晕头转向的法国地勤人员无奈地告诉我妻子，除非有人临时退票，才好调换座位，再这样跑下去，他没准就活不到领退休金的时候了。

事情在我看来，本来就不会那么容易解决。正是留学生暑假回国的高峰，飞机肯定满员了，临时退票的概率几乎为零。我妻子虽然也同意我的意见，但看起来依然有些不甘心。还有半个小时登机，我俩坐在登机口附近的椅子上等着。她忽地站起来，奔向登机口旁边的一个服务台，那里有个慈眉善目的地勤人员正悠闲地玩着手机。看来又有人要遭殃了！

一番交谈过后，尽管地勤人员皱纹里都是微笑，可妻子还是垂头丧气地回来了：“她说让我们登机后，请空乘人员找我们旁边的乘客，试试说服人家调换座位。”

如果是我，能做到这一步就已经很知足了。没准碰巧就有一个愿成人之美的乘客呢？还有 15 分钟就登机了，听天由命吧。

可妻子又沉不住气了：“不行，我还得去试试，一会儿到了飞机上，大家都在找座位放行李，乱七八糟的，谁有时间跟你换位子呢？”

她再次向服务台走去。没多久，我竟听到那位服务人员正在呼叫我邻座的乘客，妻子也兴奋地向我招手。

后面的事情就很顺利了，我旁边的座位刚好是位中国留学生的，他单身一人，很痛快地就跟我们换了座位。要不是时间紧迫，我们差点儿就要以给他介绍女朋友来作为报答了。

接下来的事情，让我对妻子的崇拜达到了顶点。刚才那位慈眉善目的地勤服务人员，正在商务舱和头等舱的通道口值守，那里的乘客比我们更早登机，人已走得差不多了。说时迟，那时快，妻子跑过去向那位已经相当熟悉的地勤人员打招呼，亲切又楚楚可怜——

“我们行李很多，能走这个通道吗？”

“有什么关系呢？快一点儿，通道马上要关闭了。”那位服务人员皱纹里依然都是微笑。

> 挣钱是一门艺术 <

全荷兰人口加起来也就1700多万，但一本书的发行量能过百万。这块“钢铁”是怎样炼成的呢？

想靠文学挣钱的出版社很多，想靠文学和文学活动挣钱的人也很多，但能挣到钱的不多，挣得好看的更少。

其实，“曲径通幽”是个好路子。

要足够曲，还要曲得精致、高雅、有品位，曲得宽广、开阔、有气象，这样去挣文学的钱，挣得个盆满钵满，人家还觉得你是在艺术地搞公益事业。

这一番感慨来自阿姆斯特丹的图书周。

前些日子有幸参观了图书周的场地，几排改造过的废旧大厂房，一副烟熏火燎的二战模样。推开门，里面也黑灯瞎火的。但是灯一亮，展厅的气势就出来了，大的铺上草坪就可以踢足球，很像北京的798，陈旧反而更显得庄重。

这些宽广的空地，每年3月都会被分割设计，挤满了展台、摊位和所有与书有关的部门和人，出版人、作家和读者在各个大厂房里乱窜。

今年8月底的北京书展上，荷兰是主宾国，大队人马开到了中国。对一个有七十多年“图书周”老传统的阿姆斯特丹来说，里应外合的机会不容错过：他们在这些大厂房里整出了一个分会场，北京有的他们都有，同步直播书展的盛况，利用北京的互动气氛，继续做荷兰本土和欧洲的版权和图书交易。这说明这帮家伙眼神好，逮着机会就想赚钱。

我想说的“曲径通幽”的好点子，是在他们一年一度的“图书周”上，3月连续的某十天里。除了常规的大家想破脑袋去做的交易，组委会每年推出一本书，这本书百分之百会畅销，因为每年的这一本书都要卖到100万册以上。

对荷兰而言，这无论如何也是个天文数字。那么“钢铁”是怎样炼成的呢？

“图书周”的负责人解释说，每个图书周都会提前预约荷兰一位著名作家写一部中篇小说，只要是跟书展有关，不管你怎么写，做成单行本上市，有90页左右。

只要你在图书周期间买书超过12.5欧元（1欧元约合8.4元人民币），展台上、书店里皆可，即免费送一本该书。当然你也可以单买，定价7.5欧元。因为是著名作家的最新作品，通常会相当抢手。

促销的创意到这一步已经很精彩了。他们继续玩了个噱头，在“图书周”期间的星期天里，如果你手持此书，坐公交车一律免票，这一天它是你的图书票。

这就很有意思了。公交车的票价多少先不说，人人都揣着本书上上下下，简直是一场盛大的群体行为艺术。那本书一下子就有了纪念意义：我看了一本期待已久的名作家的最新小说，我免了车票，我还玩了一场行为艺术。

可以肯定，那十天里半个阿姆斯特丹都在谈论这本小说，作为一个如此热爱阅读的荷兰国民，没这本书你插不上嘴，被晾在一边的感觉可能不会太好。所以，你将心甘情愿地要么掏出 12.5 欧元，要么掏出 7.5 欧元。

100 多万册能挣多少钱，我没算过，肯定不会少，更重要的是，这钱挣得有品位、好看。

“图书周”搞得热热闹闹，整个阿姆斯特丹书香袭人，读者看了书、坐了车还玩了艺术，出版商和作家腰包也鼓了起来，皆大欢喜。

看来挣钱的确是门艺术。

> 拯救世界的跑腿兔 <

当生活中的琐事都变成了游戏，人人都成为游戏中的角色，接受任务、完成任务，获得经验和报酬，那样的生活将是怎样一番场景？

在杭州上大学的李果，周一到周五是在学校上课的大学生。到了周末他就有了一个新身份，他是一只“跑腿兔”。

这件事还要从几个月前说起，李果在校的时候，觉得周末过得很空闲，于是想和其他的同学一样做做兼职、家教之类的工作。在网上浏览时，无意中发现一家跑腿网站。在该网站上很多人发布了代卖火车票、帮忙搬家、处理草坪的杂活儿。而且发布任务的地点都是本地，也大多是些很琐碎的事情。李果觉得有趣，就抱着试一试的心态去这家跑腿网公司面试，顺利地成为了跑腿网中接受任务的一员，开始了自己的“跑腿兔”生涯。

刚开始时，李果遇到许多困难。有次接到一个买票的任务，但是时间太晚了，排了一个多小时队后，回去的公交都没有了，李果打车的钱就超过了那次任务的报酬。还有一次帮一个老主顾接孙子放学，但是李果实在是没有和调皮小孩子相处的经验，只得满大街追着小孩子哄他回家。最让李果感到无奈的是竟然有男孩找李果跑腿去送礼物，而收礼物的女孩还拒绝。这让从没追过女孩的李果被周围不明真相的群众看得恨不得找个地缝钻下去。不过，慢慢地，李果就能够应付各类问题，并从中得到乐趣。

李果扮演“跑腿兔”的过程中也会遇到些特别的任务，有一次，李果在网站上接到一个奇怪的任务——送包裹。一般来说，送东西这种任务，都是会找快递的。不过，看到地址正好是自己所在的学校，就顺手接下了任务。他乘车到了雇主的家里，雇主是一位老人，通过和老人的聊天，李果知道，这个包裹里是老人当年画的一幅画像。本来很多年前就想寄出去了，但因为种种原因一直没有寄，老人当年也曾在李果所在的大学求学。

收件人是老人当年的一位同学，多年不见早已断了联系。老人给李果看了那幅画像，画的是一位模样白净的女孩。通过跟老人简单的交谈，李果心领神会却并没有多问，只是从心底里觉得感动。回到学校，他找了档案处的老师，跟他讲了这个故事，费了很多功夫，才终于联系上了那位收信人。当他把包裹递到收件人的手里时，看着对方神情复杂，自己也心情复杂，他觉得自己真愿化身为一只身怀绝技的“跑腿兔”。

作为一只“跑腿兔”，李果会遇到形形色色的事，但他也因为这些经历成长很多，实实在在地了解人们的生活，有了自己的理解。在李果的带动下，寝室的小伙子们也开始接些简单的任务，充实自己的课余生活，还能获得额外的报酬。

每次完成任务，任务发布者都会把佣金通过网银打给完成任务的“跑腿兔”，每个任务都有一个看不见的标价，“跑腿兔”们标明自己愿意接受的价格，供任务发布者选择。当然级别越高的“跑腿兔”越受任务发布者的欢迎，李果过了几个月的“跑腿兔”生活，得到了很多雇主的好评，现在已经是只高级的“跑腿兔”了。很多老主顾觉得李果做事很踏实，在发任务的时候就直接@李果在跑腿网上的ID。

跑腿网，在中国还是比较新鲜的字眼。这种生活服务类型的网站，最早起源于美国波士顿，由莉雅·布斯克创立，起初创立这个网站的灵感是来自于莉雅·布斯克想让别人长期替他买狗粮。网站的名字为“TaskRabbit”，译为繁忙的兔子。所以，李果他们这类接受任务的人员，自称为“跑腿兔”。

“跑腿兔”们把每一次顺利完成任务都当成人生游戏中的一次通关，替人分忧，实现了兔子们的游戏人生。来，做一只“跑腿兔”，去拯救世界吧！

>前程之“画”<

凯斯·萨德齐毕业于美国波士顿大学LT专业，拿到学士学位的她，曾经雄心勃勃，想在这个顶尖科技领域干一番事业。可在美国，她这样的专业人才太多了，通过一位朋友的引荐，她只身来到了沙漠名城迪拜。

萨德齐在迪拜这块创造了无数神奇的土地上一干就是八年，然而，尽管她业务精通，工作尽心，使出浑身解数，亦然是无所建树。眼见别的同事或成了行业精英，或成了企业老总，她显得非常焦急，却又不明白问题出在哪里？

萨德齐有一个业余爱好，就是写一些生活趣味小品。为了打发业余时光，她经常泡迪拜的各大书店，并且和当地的文化 文化朋友。那天，她打听到这样一条信息：迪拜的精英来自世界各地，他们都忙于事业，孩子们长时间呆在家里，非常无聊。这种无聊还体现在他们的课外读物上，虽然阿拉伯语和英语是当地的两大官方语言，但街头的书本却全是英文的。当地的文化部门试着出版一些阿拉伯图书，但却无人问津，在当地文化界，都有一种失去文化个性担忧。

萨德齐看了那些图书，其实内容还是不错的，只是面对现代人的阅读节奏，尤其是迪拜这种外来人了聚集的城市，缺少一种有效的沟通和传播手段。她打算将用小品化的形式，创造一种读物。这种想法立即引发了书商的好奇，根据他们的建议，她以当地养鹰人为主题的民间文学《金戒指》改编成漫画脚本，并通过她的朋友、日本漫画家姬川明作画，一套新颖、生动的漫画丛书首次出现在这座阿拉伯城市。

《金戒指》的推出，很快引发迪拜图书界的轰动。萨德齐也顺理成章，从那个熟悉而又陌生的 LT 界跳槽，成了一名专业漫画脚本写手。不到一年的时间，她推出的《金戒指》系列，不仅令当地出版界洛阳纸贵，而且列入各大学校的辅导教材，荣获了迪拜图书奖。如今的萨德齐，已经拥有了自己的独立漫画工作室，她戏称：自己的前程，是一手“画”出来的。

也许你拥有出众的专业和过人的技术，但你一直找不到开启成功之门的钥匙。这并非上帝在捉弄人，而是你的创业方位没有校准。萨德齐的成功经历表明，那枚幸运的钥匙，一直在自己手上，就看你能否及时打破桎梏，与生活的需求准确对接。

>泥墙富翁<

李道德是安徽寿县的一个普通农民，当地有不少人都栽培食用菌，李道德看着他们虽然发不了什么大财，但都能为家里增加一点收入，不禁也是心里痒痒想从事。

李道德不是一个莽撞的人，为了事先掌握一些基本经验，他就跑到邻村的一个食用菌栽培户的菇园里去学校，结果一番了解后吓了他一跳，栽培食用菌成本大得要命，育菌袋里的棉籽壳、麦草秆本地不多，都要用很贵的价格从外地购买，所以光是打一个小小的菌袋就需要十来块钱。当时正是深秋，菇农们都已经把菌菇转到了用泥墙和塑料纸搭成的“温室”，正参观着，他注意到了一个小细节——在一堵泥墙上，居然长着三五个食用菌，李道德好奇地问：“墙上怎么也会长蘑菇。”

“这有什么奇怪的？因为打泥墙的时候，有些育菌料混了进去，所以就长出蘑菇来了！”主人家一边漫不经心地说着，一边随手把它采下来，像是清除垃圾似地扔进一旁的废草堆。

看着眼前的这一幕，李道德不禁在心里盘算开了，泥墙里的育菌料肯定不会多，可是却能长出蘑菇来，如果好好利用这种泥墙，是不是可以大量栽培蘑菇？想到这里，李道德仿佛看到了希望，随后，他准备了一些育菌料按照不同的比例混入泥土中，做成了一块块的“泥砖”，半个来月以后，那些泥砖上果然长出了小小的蘑菇芽。李道德选了发芽状况最佳的一种比例与菌袋成本一对照，结果只占菌包培育的三分之一，随着菌菇一天天长大，李道德还发现，因为混着泥土的本身养分，所以自己培育的菌菇不仅色泽更加诱人，吃起来的口味也更加鲜美！

这样一来，李道德很快信心满怀地开始叫工人在田头打起了几亩菌料泥墙，然后在菌墙外面涂上混入多种养分和菌丝的泥浆，起初有许多人都不理解他，还冷嘲热讽地说他没培育起菌菇，倒先玩起了“房地产开发”，对于这些闲言碎语，李道德懒得理会，打好泥墙后，他又给罩上了塑料膜，悉心照料……

很快，一朵又一朵的菌菇开始从泥墙上冒出来了，不仅有普通食用蘑菇，还有秀珍菇、姬菇等十多种珍稀食用菌，不仅如此，泥墙菌菇产量还比普通培育方式高出五倍之多，第二年，李道德就靠着泥墙食用菌为自己创造了16万元的收益，成本是别人的三分之一，产量却是别人五倍，这其中的利润可想而知，一时间，李道德成了“育菌达人”，前来学习者络绎不绝！

李道德趁热打铁，带领着广大蘑菇种植户成立了食用菌合作社，在把泥墙育菌向更多人推广的同时，也使单纯的“技术外传”

成了双赢互利的“有机组合”。目前，他的合作社已经拥有了一千余家育菌户，每天都能不断接到来自全国各地购菇业务，日交易额高达四五万元，在带领乡亲们一起致富的同时，李道德本人更是成了远近闻名的“泥墙富翁”！

“其实比我聪明能干的大有人在，我只是遇事都多观察一点，多思考一点，我现在所取得的成就，或许正是上天对我这种性格的赏赐吧！”在说到自己的成功时，李道德时常这样谦虚地笑着说。

>枯草也能变黄金<

广西气候湿热，一到夏天，街上便摆满了卖凉粉和凉茶的小摊点，又好吃，又消暑去热。一天，一个乡下的年轻人在城里街边的一个小店上吃凉粉。那天店里只有他一个顾客，于是他一边吃着凉粉，一边和店主闲聊起来。在与店主聊天中，他了解到，原来凉粉是由一种名叫“仙草”的枯草熬制加工而成。因此，凉粉也叫“仙草冻”。仙草冻口感顺滑、凉爽，吃起来好吃，可做起来特别费工夫，且不易保存。听到这里，年轻人脑中突然灵光一闪。虽然他第一次听说凉粉是由“仙草”熬制加工而成的，但对“仙草”他非常熟悉。在他所在的乡村，漫山遍野都长有这种草，当地人都管它叫枯草，是种连牛马都不吃的草。他当时突发奇想，何不把家乡的仙草加工成仙草粉，这样想什么时候制作仙草冻就什么时候做，吃的时候放水一煮就 OK 了。

他从县城回到家里，就一头扎进屋内，闷头做起试验来。三个月后，他终于研制出了仙草粉和仙草冻的制作工艺。而后，他东拼西凑借了5万元办起了加工厂，以稻谷两倍的价格收购在当地人眼里一文不值的仙草，开始批量生产制作仙草粉。

仙草粉生产出来后，他便满怀信心地到附近市县的凉品店推销。在他看来，仙草粉加入适量的水烧开后就能做成仙草冻，前后只需二十多分钟，比传统的煮草方法节省了两个多小时，使用起来方便快捷，应该能很快占领市场。

可现实却浇了他一头冷水。根本没有人愿买他的仙草粉，因为人家不信任他。仓库里积压了大量的仙草粉。市场冷淡的反应和他的预期之间产生了巨大差异。仙草粉卖了半年多，才卖出200多斤，总值1000多元钱，最后工厂连仙草原料都买不起了。更要命的是，他投资办厂的5万元钱都是借款，利息很高。为坚持生产，那段时间，他四处借钱，债台高筑。

上帝总是青睐努力的人，在苦苦坚持了一年之后，他终于迎来了事业的转机。一天，他在考察市场时从一个龟苓膏的包装盒上发现了一个契机。那家企业生产的龟苓膏用仙草粉做原料。很快，他在梧州找到了那家龟苓膏生产企业，并顺利签订了购销协议。这家龟苓膏企业直接拉动了仙草粉的市场价格，每吨从七八千元一直涨到最高时的1.5万元。一夜之间，他的厂子柳暗花明，走出低谷。工厂销售额当年就突破了100万元。

2006年夏天，他带家人去台湾度假旅游。在台湾的一家茶楼里，他喝到了一杯天价茶水。他好奇地问茶楼里的员工，这是什么茶，为什么这么贵？茶楼里的员工告诉他，这是仙草茶，并拿出一袋只有几克的仙草茶告诉他值十几元，这让他震惊不已。他在心里盘算，照这样计算，一吨仙草粉在台湾就可以卖到五六十万新台币，折合人民币 10 万元。于是，他马上放弃了度假旅游，找到了这家茶楼的老板沈志丞，和他洽谈协商合作开发仙草茶。

时不待我，从台湾回来后，他便投资上千万元引进了设备，开始生产仙草茶。如今，他的工厂产品更加多元化，仙草粉年加工能力突破一万吨，已经占到国内仙草市场份额的 50%，成为广东加多宝（王老吉）集团、深圳喜之郎集团、浙江致中和集团、海南椰树集团、梧州双钱集团以及台湾泰山集团等知名企业的长期原料供应商。此外，他还打开了东南亚和非洲的市场，年销售额达到 1.8 亿元。

他就是广西灵山宇峰保健食品厂总经理王宇峰。从最初把枯草加工制作成仙草粉，到后来引进设备生产仙草茶，卖出一吨 10 万元的天价，他靠不起眼的枯草创造了年销售额上亿元的财富神话。

商机无处不在。生活中从来不缺乏商机，缺乏的是发现商机的慧眼和抓住商机的果敢、敏锐、智慧的头脑。一次简单、随意的聊天，眼光独到的人看到的是一座隐藏在地下的金矿，而平庸的人看到的仅仅是一堆地面上无用的枯草。

> 卖鞋小子的心 <

今年 35 岁的华人小伙子谢家华，从小跟随父母在美国旧金山市长大，家境虽然十分优越，但父辈创业的艰辛，激励着他一定要自己干一番事业。从上小学开始，他就一直很用功，16 岁时便轻松考入哈佛大学主修计算机，19 岁时，顺利拿到了哈佛大学毕业证。其间，多次参加学校电脑操作大赛，并屡夺冠军，成为赫赫有名的风云人物。

21 岁那年，谢家华放弃了来之不易的读博机会，去一家软件公司当了普通程序员，这让家人和朋友甚是不解。但谢家华却没时间去解释，他有自己的打算。一年时间，谢家华已对网络程序娴熟自如。之后，便辞去程序员工作，创办了自己的网络广告公司 LinkExchange。

网络广告公司成立后，他几乎牺牲了全部节假日休息时间，全身心地经营着公司业务。仅两年时间，公司迅速壮大，员工由开始时的几人，快速发展到 200 名，资产也扩张到近 3 亿美元。

1998年初，谢家华经深思熟虑后决定，将LinkExchange以2.65亿美元的身价暂时委身于微软，以图为日后创业寻求到充足的资金保障。

1999年，谢家华在一次朋友聚会时，认识了网上售鞋公司总裁尼克·斯威姆，两人一见如故并展开合作。不久，谢家华就向斯威姆的网上售鞋公司ShoeSite注入资金100万美元，然后将公司更名为Zappos。半年后，谢家华再次向公司追加投资1000万美元，谢家华也因此成为Zappos公司的首席执行官。

为了让Zappos迅速成长为网络营销帝国，谢家华施展了“软硬兼施”的功夫，并大获成功。

谢家华的两个硬功夫：一是把在肯塔基州仓库中Zappos存有5.8万种款式的130万双不同品牌的鞋，都从8个不同的角度进行精心拍照。当照片放到网络上后，顾客眼前顿时为之一亮，很方便就能挑选到自己称心的鞋子，公司的业务量也随之大幅飙升；二是最大限度地为顾客提供快捷方便的服务。为达这一目标，谢家华把Zappos的仓库安在了联合包裹服务公司（UPS）机场附近，公司实行24小时不间断运作，凡是接到顾客订单后，公司承诺在4天内保证送货到门。如公司延误了送货时间，就加倍赔偿顾客因此而造成的一切损失。

谢家华的两个软功夫：一是为解决顾客很容易在网络鞋店买错货，而又一时难以退货的问题，他利用自己的特长，专门为Zappos设计了一套电子邮件系统，如有顾客提出退货或换货要求，电子邮件便会自动回复顾客。如果顾客买到的鞋不合脚，公司在退货和更换新鞋时一律免费。仅此一项，Zappos 从成立至今就付出了将近 1 亿美元的代价，退货率也高达四分之一。但 Zappos 扣除送货和退货费用后，全部销售额的毛利润仍高达 35%。这主要得益于公司信誉的不断提高，因而带动了顾客数量的迅猛增加；二是鼓励新员工辞职。对于招聘的每一位新接线员，公司都要进行为期 4 周的业务培训，在培训一周后，公司便会对每位新员工提出同样的问题："如果你感觉公司不适合你，你现在就可以辞职。但公司会在你辞职时，按照你一周的培训时间一分不少地支付全额薪水，另外再奖励你 1000 美元的辛苦费。"公司之所以要在培训一周后就提出让新员工辞职，目的是尽早确认每个新员工能否与公司的价值相融合，以便让更优秀有奉献精神的员工加入到公司中来，使公司的发展后劲更足更强。

谢家华采取的"软硬兼施"功夫，使他的网络鞋店业务越做越大，在美国几乎家喻户晓。去年，Zappos 的销售额超过 10 多亿美元，占美国鞋类网络市场总值 30 亿美元的三分之一还强，他也因此被称为"卖鞋的功夫小子"。

谈起成功时，谢家华感触颇深："这个世界虽然不是由天才创造的，你也不必是天才，但你只要拥有一颗善于发现问题并解决问题的心，那你一定同样可以取得成功。"

>一颗柔软的心<

春秋时，乐羊被魏文侯任命为将军，领兵攻打中山国。攻城正急之时，忽然城头上悬挂起一个人，守城的士兵喊道："乐将军，你看看这是谁？如果你不退兵，我们就煮了他做肉羹。"

乐羊抬头一看，那个被悬挂的人，正是在中山国做官的儿子乐舒。进攻停止了，整个世界在那一刻都安静下来，人们把目光都转向了这个魏军统帅。不料乐将军十分淡定，大声说："好啊，做好了肉羹别忘了给我一杯啊！"

中山人够狠，把人家儿子当做人体盾牌，而乐将军更狠，不仅不救他的儿子，反而要求分一杯羹。中山人索性狠到底，真的把乐舒煮了，然后把一杯肉羹端到了乐羊的面前。更让人想不到的是，乐将军从容地端起杯，把肉羹一点不剩地全喝了。

中山人胆战了，面对"没有最狠，只有更狠"，他们知道遇到的是一个心如铁石的将军，无奈之下，只得选择了投降。乐羊得胜回国，魏文侯赞叹说："乐羊为了我，竟然吃了儿子的肉，真是忠臣啊！”这时，一个人小声在他耳边说：“他连自己的儿子都敢吃，还有谁不敢吃呢？”魏文侯的心一颤，脸上的笑容立刻僵住了。于是，魏文侯给乐羊加官晋爵，戴高帽子，赐给金钱美女，良田美宅却再也不敢把兵权交给他。

鲁国的王族孟孙喜欢打猎，这一天外出狩猎手气很顺，时间不长便捉到一只小鹿，他很高兴，虽然吃点喝点对他算不上什么事，但若是自己亲手捕获的猎物还是觉得格外美味。他吩咐臣子秦西巴把小鹿送回家，准备好好打一打牙祭。

秦西巴牵着小鹿往回走，感觉后边有些动静，回头一看，一只母鹿远远地跟在他的后边。他想，那一定是小鹿的妈妈吧，便停下了脚步。母鹿悲伤地鸣叫着，眼里噙满了泪水。秦西巴看着这对可怜的母子，内心涌起一股柔软的情感，忍不住解开了手里的绳索。小鹿欢快地向母亲跑去，母子俩很快就消失在茫茫的林海里。

秦西巴如释重负，心里轻松了许多。到了晚上，孟孙回到王宫，巴望着后厨早点端上鹿肉来，可左等也不来，右等也不来，一问才知道秦西巴把鹿放了，哪儿还有什么鹿肉呢？他不由得大怒，立刻将秦西巴开除，让他卷铺盖走人。过了一年，孟孙要给自己的儿子请老师，谁也想不到，他请的老师居然是曾经被他开掉的秦西巴。身边人的脑袋短路了，怎么也想不明白是怎么回事，便问他说：“去年秦西巴曾因私放猎物而得罪了您，现在为什么又请他做公子的老师呢？”孟孙笑着回答说：“秦西巴对一只小鹿都能施以仁爱之心，何况是对人呢？”

乐羊因为战功而被怀疑，秦西巴却因为有罪反而更受信任，是什么让他们得而又失，失而又得呢？当年老子看着掉在地上依然坚硬的牙齿，又摸了摸依然健在的柔软的舌头，感慨地说：柔弱胜刚强啊！

的确如此，真正的力量常常不在强硬而在柔软之中。有时候，一颗柔软的心，恰恰是打开这个坚硬世界的唯一钥匙。

唯有努力向前，才能闯出一条新路

[第六辑　断掉后路闯出新路]

只有我知道

在风光的背后

他吃过多少苦

>断掉后路闯出新路<

在分别十年的朋友聚会上，我见到了最好的哥们——峰。现在的他非常风光，不但有车有房和美娇娘，而且还成立了以自己名字命名的广告公司。不过，只有我知道，在风光的背后，他吃过多少苦。

当初，峰还是个穷苦的农村娃，靠走街串巷摆地摊讨生活。不但要忍耐酷暑严寒的恶劣天气，还要时常被城管追得到处跑。生活的艰苦让他深知知识的重要性。一次，他偶然从广播中收听到电脑学校的招生广告，于是，只上过初中的 18 岁的他拿着摆地摊挣来的五千块钱，告别父母，去千里之外的异地求学。我和峰就是在电脑学校中相遇的。

我们同住一个寝室，当一些同学忙着玩，忙着谈恋爱时，峰却把所有的时间都用在了学习上。白天只要有空，他就会守在电脑机房里，抓住一切上机实践的机会。周末休息时他也不闲着，而是跑去图书馆看书抄书。夜晚，我们都进入梦乡时，他却躲在被窝里拿着手电筒看书，那种刻苦劲着实令人佩服。我问他为何如此努力学习，他认真地说：“我文化底子薄，不笨鸟先飞不行。另外，家里条件也不好，还得靠我挣钱养家。我们农家孩子要么在家种田，要么就得出来打工。可如今，没有过硬的一技之长是很难挣到钱的。所以我没有后路，学好电脑是我唯一的出路，以后还得靠这个吃饭。”他说的一点没错，与他相比，因为我还有“退路”，可以回去继续上班，所以我学习并不是很刻苦，我们之间的电脑技术水平很快就显现出差距了。

毕业之后，他被学校推荐到上海一家广告公司工作。刚开始，从事的是最没技术含量，薪水最少的电脑勾图工作，说白了就是类似书法上的“描红”，照着底稿重新勾出图案就可以了。一些分配去的同学嫌薪水低纷纷跳槽了，唯有他留下来，仍傻傻地认真做工。时间不长，他的努力与忠厚就得到了设计主管的青睐，不但为他指明了以电脑室内设计为定位的职业方向，还手把手一点点传授他专业技能。

有了高人指点，加上自己的刻苦，还有广告装潢行业的外部发展机遇，峰设计水平迅速提高，薪水也直线上升。经过近十年的摸爬滚打，他已经在设计圈子小有名气了。不满足的他，自己创办了公司，从打工者变成了老板。

当我问他成功的秘诀时，他郑重地说：“我始终把自己定位于陷入背水一战的绝境，没了后路的依赖，唯有努力向前，才能闯出一条新路。”

>悬崖边的光明路<

他诞生在美国新罕布什尔州的桑顿乔森林地区的一块贫瘠的土地上。他的出生，似乎就意味着要尝遍世间的悲苦与辛酸。3岁丧母，7岁丧父，童年的笑声还不曾透出他的咽喉，他便成了举目无亲、孤苦伶仃的孩子。

命运将所有的不幸都压在他柔弱的肩膀上。为了生存，他不得不做出比山区里一般的孩子更为艰苦的挣扎。他先是寄人篱下，为了生活，尽管每天工作14个小时以上，可还是吃不饱饭。没有人愿意和他在一起，他亦不曾拥有朋友。他每天过的生活就是在不停劳动的同时，忍受主人和孩子的嘲弄以及虐待。

为了脱离困苦的生活，为了让自己的身体不再经受摧残，他先后跟从了5个主人，但遗憾的是，情况丝毫没有好转。

在他14岁的一个深夜，他决定要有所突破，要彻底挣脱这种奴隶式的生活。于是，在一个阳光明媚的周日清晨，他仓皇出逃。颠沛许久之后，他终于在一家锯木厂找到了工作。无意间，他在工作中得到了一本名为《自己拯救自己》的励志图书，他想，自己也是可以成就一番事业的。他忽然意识到了知识的重要性，于是抓住一切可以读书的机会刻苦钻研。

和其他孩子不同的是，他的求学经历是个窘迫不堪的马拉松。他一面工作，一面靠微薄的收入来断断续续地上学。从 14 岁念到 23 岁，他终于踏入了大学校门。

他知道这一切多么来之不易。因此，他不肯错过任何一个可以学习的机会。甚至，为了逼迫自己努力读书，他还给自己制定了一系列苛刻的学习计划。9 年后，当同龄人正为前程忙得头破血流的时候，他已经顺利拿下了波士顿大学法学学士学位、奥拉托利会学士学位、波士顿大学硕士学位以及哈佛医学院博士学位。

攻读多个学位并未影响他的收入。毕业前夕，他已经积攒了 2 万美元，以备创业。17 年后，40 岁的他成了一位旅店业里举足轻重的大亨。

就在他事业蒸蒸日上如日中天的时候，天灾人祸接踵而来。连年干旱致使经济萧条，日渐衰落，更要命的是那些对他来说是重要至极的旅店，均在一场场不知名的大火中被夷为平地。倾注了其大量心血的 5000 多页的手稿，也在大火中消失殆尽。

他没有就此屈服，尽管负债累累。他带着永不变更的梦想来到了波士顿，开始了成功学方面的创作。比起以前，他此时更有资格投身这个神圣的事业。悲苦的童年，几十年的奋斗生涯，传奇的人生经历让他曾站在人生的最高处，又被抛入低谷。因此，命运的磨难，让他对财富拥有着异于常人的领悟力。

1894 年，在他心灵深处沉寂了 30 年的梦想终于实现。其处女作《伟大的励志书》获得了空前巨大的成功，一年之内就再版 11 次。截至 1905 年，仅在日本一国的销量就突破了 100 万册。

3 年后，他创办了《成功》杂志，同样获得巨大成功。杂志单册发行量超过 30 万册，拥有员工 200 名。但命运喜欢捉弄人，1911 年，《成功》杂志因先产生内部分裂，后得罪权贵而被告上法庭，无奈停刊。由于债务缠身，他又一次被命运从巅峰抛至谷底。

他仍不曾放弃，于 7 年之后再次创办了《新成功》杂志。此刻的他，已是 77 岁高龄。直到 6 年后辞世，这本杂志还影响着千千万万的忠实读者。

这就是奥里森·马登——全世界公认的美国成功学的奠基人和历史上最大的成功励志导师，成功学之父。

如果有人要探寻奥里森·马登的成功秘诀，那么，我想答案一定是因为他比任何人都清楚，所有绝境的悬崖边，都必然会暗藏着一条通往光明的生路。

>被人倒掉的成功<

她下岗了。下岗后，为了维持生计，她在市场一角租了摊位，卖起了蔬菜。

卖菜的空档，她也不肯闲着，她把自己的菜收拾的跟她自己一样干干净净。她卖的菜没有烂叶，没有泥土，水灵灵，精精神神的。虽然她的菜摊地处偏僻，但这丝毫不影响她的生意，她的菜总能早早卖完。

在她摊位对面，有一个专稿蔬菜批发的小伙子。她有时也批小伙子的菜，一来二去的，她和小伙子熟稔了。小伙子开着一辆小货车，每天都拉来满满一车厢蔬菜，天黑卖完才走。小伙子拉的菜随着季节的变换而变换，有时拉白菜；有时拉萝卜，有时拉菜花、大葱什么的。小伙子忙不过来时，她卖完菜后便跑过去帮忙。

有些顾客很挑剔，买小伙子的白菜时，一颗好好的白菜，硬生生地把外面三层帮都扒去，只留一个菜心。买萝卜时，鲜嫩脆绿的萝卜缨顾客是不要的，拿起一把弯弯的小刀，“噌”一下就把萝卜樱削去。买菜花时，又嫌菜花根太大，便狠狠地把菜花的根全挖掉。小伙子对顾客的行为只能看到眼里，疼在心里，但也无可奈何，否则别人便不买他的菜。菜卖完时，小伙子车厢里往往堆着许多顾客剔下来的菜帮、菜根。卖不出去，自己又消受不了，小伙子只好将满车厢的菜倒垃圾了。

小伙子每倒一次，她的心便跟着疼一次。其实那些菜帮并不差，完全能吃。那些鲜嫩脆绿的萝卜缨洗干净切碎，是道不错的小菜。这么多有用的资源，要是能利用起来就好了。沉默静思的她，突然大叫一声，有了。丈夫被她的举止弄得莫名其妙。有什么了？丈夫问。

她说，我们何不把别人扔掉不要的菜收回来，洗洗干净，腌制成特色小菜，现在的特色小菜，可是百姓最爱吃的，销路很好的。

说干就干，她不仅包下了小伙子要倒掉的菜，还将菜场所有卖菜人不要的下脚料都收了回来。为了腌制特色小菜，她特意到一家有名的酱菜厂学习，又加入自己的创新，很快便创建了自己的品牌，将自己的特色小菜打入各大商场超市。凡是尝过她小菜的人，一致对她竖大拇指。

如今，她的酱菜连锁店遍及全国各地，是唯一一位利用尾菜致富的企业家。她名字叫王玉春。玉春牌酱菜名响万家。

向其成功之道。她笑着说，我只不过抓住了别人忽略掉的机会啊。

>不要总想反驳<

有一天，屡屡受挫的营销人员聂会涛去找一位营销大师，想要寻找一些营销的灵丹妙药。但是这位营销大师性格很古怪，爱问一些奇怪的问题来刁难拜访者，聂会涛做好了一切心理准备。

营销大师听了聂会涛的来意后，把他请到自己屋后的一片竹林。大师什么也没做，只是让聂会涛静静地呆在竹林里半个小时。

聂会涛不知道大师的用意，静静地呆在竹林里，似乎想从竹林里知道点什么。

半个小时过去了，大师将聂会涛请出了竹林。大师问聂会涛："刚才是一只什么鸟在竹林里鸣叫？"

聂会涛傻眼了，他没想到大师会问他这个问题。

大师什么也没说，再次让他走到竹林里。这次聂会涛很留意地去听鸟叫。他想给大师一个满意的答复，以证明自己确实在认真听。

又过了半个小时，大师见到聂会涛问："年轻人，这竹林里有个亭子，你看到它有几根柱子吗？"聂会涛听了大师的话，立即傻眼了，他心里很是后悔，为什么自己刚走过那个亭子的时候，不留意看一下呢？

大师没有对此发表评论，而是让聂会涛接着走进亭子。这次，聂会涛没有只是观察鸟鸣和亭子，还把自己经过的竹林的柱子、草地、小路等等自己见到的一切都记在了心里。这次他信心十足地走出竹林，想这次一定能给大师一个满意的答案。

大师这次问道："你在没进竹林之前，有一辆汽车停在我的家门口，你看到是什么牌子的吗？"大师的这一问完全和竹林没有关系，聂会涛当然答不上来了。聂会涛很沮丧，认为自己的表现没有让大师满意。

大师看出了聂会涛的疑惑，说："在我让你进竹林的时候，你是一种什么心情？"

"我想给你一个满意的答案。"

"也就是，你想用正确答案来反驳我的问题，对吗？"

"嗯。"

"可是，你在进竹林之前，问过我，我要问你什么问题吗？"

"在你进去之前，你只想到如何去反驳我，找到正确答案，把注意力都集中在如何反驳我了，却没有想着去听一听我的问题是什么。其实，在营销的过程之中，我们拥有极强的专业知识，当顾客告诉我们一些事情的时候，我们总想去反驳他，把精力都放在了反驳顾客的观点上了，而对于顾客的真实想法，我们却往往忽略了。你明白我的意思吗？”

聂会涛听完之后恍然大悟，深深地向大师鞠了一躬。

人的精力十分有限，如果我们把自己的精力都放在这件事上，那么用在其他事情上的精力就少了。如果我们只是把自己的精力放在如何反驳顾客的观点上。那么对于顾客的需求我们就没有精力顾及了，最后我们不但不会成功，还会顾此失彼的。

>“豆子”精神<

在职场中，总有那些业务能力不是很强，人缘也不是很好，在老板的眼里似乎就看不到你这个人，但是他们依旧默默无闻地工作着，跟时间赛跑，为生活打拼。其实，这就是豆子的精神在感染着他们，鼓励着他们。我们大不必因为自己起初只是一粒坚硬无比的豆子而自卑，更不能因为自己起始的低廉价值而畏缩，而是应该想到如何像豆子那样，为实现自己真正的价值，一次又一次地去拼，去闯，直至人们认可、接纳、赞许。

提及豆子，大家都知道它很小，小到很多人都会忽视它的存在，甚至忽视了它的生命。殊不知，这小小的豆子却成为犹太人积极向上的精神象征。犹太人说，这世界上卖豆子的人应该是最快乐的，因为他们永远不必担心豆子卖不出去。卖豆人在豆子卖不出去的时候，可以拿回家，磨成豆浆，向行人兜售，如果豆浆卖不成功，可以制成豆腐，豆腐卖不成功，变硬了，姑且当成豆腐干来卖。而豆腐干卖不出去的话，那么就把豆腐干腌起来，变成腐乳。另外一种选择是，如果卖豆人把卖不出去的豆子拿回家，加入水让它发芽，那么更加妙极。几天后，卖豆人可以改卖豆芽，豆芽如果卖不动，那么干脆让长大些，卖豆苗。而豆苗如果卖不动，再让它长大些，移植到花盆里，当做盆景来卖。如果盆景卖不出去，那么就再次移植到泥土里，让它生长，几个月后，它结了许多新豆子。你能想象那是多么划算的一件事，一粒豆子变成了上百粒豆子。

豆子精神，通过犹太人这么一渲染，仿佛有着它神奇无比的魅力，让我们被它折服，被它赐予好运。如果我们把豆子的精神带入职场，就可以让我们在职场上，收获更多的成功和喜悦。人生在世，不如意事十之八九，有些人的际遇如同那位卖豆人手中的豆子，什么奇迹都会发生。第一次求职面试，在你遭遇闭门羹或是落聘时，是否会想到豆子的精神，一次不行，就得创造条件，准备第二次的华丽转身；第一次因工作失误，在遭受主管或是老总的训斥时，是否能想到豆子的精神，把坚硬的豆子磨成豆浆，让更多的人欣赏你，品尝你，把你的品质呈现给更多的人们，让他们记住你的转型，记住你坚忍不拔的精神；当你想在职场上“青云直上”、成就一番事业的时候，你不妨学学豆子的精神，把自己的每一个成长阶段看成是提升自己工作能力的阶梯，一步一个脚印，一次又一次地在努力和进取中自前行，最终会让老板赏识你，重用你，提拔你……在职场中，总有那些业务能力不是很强，人缘也不是很好，在老板的眼里似乎就看不到你这个人，但是他们依旧默默无闻地工作着，跟时间赛跑，为生活打拼。其实，这就是豆子的精神在感染着他们，鼓励着他们。我们大不必因为自己起初只是一粒坚硬无比的豆子而自卑，更不能因为自己起始的低廉价值而畏缩，而是应该想到如何像豆子那样，为实现自己真正的价值，一次又一次地去拼，去闯，直至人们认可、接纳、赞许。

俗话说得好：爱拼才会赢。人生在世靠的就是像豆子一样有着一股不服输的拼搏精神，生活要拼，事业要拼，爱情要拼，婚姻要拼……只要拼，总会有“守得云开见月明”的那一天。

懂得了豆子精神，我们才能尽情享受风云职场的酣畅淋漓；有了豆子精神，我们才能在工作中所向披靡，才能实现和找到自我的价值与前进的正确方向。

>辉煌只是人生的幸运<

夏日时分，在路边休憩的我忽然瞥到大樟树上的风筝。从外形上来看，风筝残破不堪，显然是春天时分被挂在树上的。与放在店里货架上时相比，它显然已经“人老珠黄”。

在春天时节，这棵年逾古稀的树也算得上辉煌。这是一个很宽阔的操场，它就立在广场中央。孩子们一窝蜂地在附近放风筝，被挂到树上的风筝也为数不少，蜈蚣形的，燕子型的，多啦A梦型的，喜羊羊型的，举不胜举。那时，这棵大树风光无限，浑身披彩，活像一个子孙绕膝的老人。

然而春天过去，孩子们便远离了它，它再也无法拥有五颜六色的外衣。到如今，只有一个风筝还倔强地守候着它，它的繁华似乎从未有过。

这让我联想到我的外婆。每年春节，舅舅阿姨、表哥表弟、表姐表妹全往家里挤。那些日子，外婆家里颇有些络绎不绝的味道，烧菜的烧菜，聊天的聊天，打牌的打牌。外婆笑眯眯地坐在一旁，脸上无限满足。我想如果时间一直停留在那些天，外婆一定是世界上最幸福的人。

然而年很快过去，工作的工作，上学的上学，家里便有些人去楼空的苍凉。外婆开始了平静的生活，她一个人烧饭，一个人干活，一个人看电视，一个人坐在墙边发呆。我问外婆，你不觉得孤独么？外婆回答，这才是我的常态，过年时的热闹算是我赚到的。

我有个同学，从小体育很好，小学毕业后被当地的少体校录取。当时的他风光无限，因为千把人当中，入选的仅他一人。他很快便成了一名举重运动员，接受正规的训练。不过三年，他便出现在当地一些大大小小的比赛里，名次或好或坏，但在我们看来，已经荣耀无比。五六年后，他参加国家级的赛事，家人乃至他的村庄都因此而风光无限。

我一直期待能在奥运会上看到他的身影，却不料他没被选中。年过三十，他退役了，当起了一名普通的体育教师。

有一次，我们在一起聊天，我问他，你曾经风光无限，怎么受得了现在的生活？他淡淡地说，如果把平凡当做人生的基调，那么你曾经的辉煌或成功便是上天对你的恩赐，如此，你便不会对人生有那么多的不满足，这不是自欺欺人，而是一种豁达的心态。他的一席话，说得我哑口无言。

把人的一生当成一条平静的河流，把偶尔飘落的柳絮和洒落的花瓣当作是一种幸运，方能宠辱不惊，得失不变。

＞别让小心机阻碍你＜

前不久，作为总公司巡视大员去分公司考察，接待处有个透着机灵的小姑娘，很是周到热情。可惜的是，从接待之初，小姑娘就含沙射影地八卦自己的某个同事。得承认，她的言语并不夸张，那些列举的事实，如一一坐实在身边，我也会有必然的反感。饶是如此，我还是对这个小姑娘的喋喋不休有了某种说不出的感觉。

听着她的吐槽，我不由得想起二十年前自己曾做过的那些傻事。

那时，我还是一名刚入职场的小菜鸟，进公司没几天，就莫名发现对桌的女同事对我有一种天然抵触感。我不想一入江湖便有四面楚歌的艰难，于是极力卖乖讨好。可事与愿违，无论我做什么，女同事都一脸的不爽。再后来，我的耐心耗尽，女同事的底牌也基本摸清。她就是那种天然对同性有排斥心理的“早更女”，这样的奇葩面前，你即便低到尘埃里去也于事无补。

这种感觉，很快在其他同事那里得到印证，也便无端给了我一种特别的勇气，从此，我再也不刻意伏低做小。

以牙还牙，其实也无可厚非。狗血的是，我的反应有点过激了，开始祥林嫂一样逮着个人就吐槽女同事的极品，最后甚至发展到和业务单位往来，也八婆一样喋喋不休。职场八卦，好奇者素来不少，我的吐槽很多时候还颇有市场。可惜的是，年轻的我看不透人性的莫测，还以为是自己的遭遇引起了他人的共鸣和激赏，于是吐槽得愈发任性。

很快，风言风语传到女同事耳朵里，她对我愈发不客气。就在我撑起一口气想要和她斗争到底时，领导发话了，我被发配去了边缘部门，理由是不顾全大局。

当时我愤慨得恨不得找领导约架，但现在想来，一切都是咎由自取。

女同事之极品，同事们不止我一人有感觉，但为什么大家皆保持沉默？不是人家没有吐槽的权利，而是那些人精深谙一个道理，与不相干的人胡乱吐槽真正折杀的，只有自己的形象。如同现在这个小姑娘，手中一盆盆脏水泼出去，只会让我对她多了一种太过挑剔而有失厚道的印象。

所以，这样的小心机，其实完全是贴着不成熟 logo 的傻气，也许不会招致太大的灾祸，但磕磕绊绊的江湖里，早晚还是会变成作茧自缚的小挫折。可惜的是，人在年轻时，要做到吃一堑长一智并不那么容易。

发配到边缘部门后，我很快遭遇了新烦恼。合作的同事资格比我老，学历能力却差强人意。刚开始，我还是不自觉延续了自以为是的“小心机”，处处抢功争表现，但凡有机会，总极力埋汰搭档的平庸，言外之意，不过是希望众人瞩目我的优秀。可惜，这种“小心机”并没有收到预期效果。更悲催的是，种种流言传到了搭档耳朵里，他明显对我有了戒备和不满。

我好不郁闷，正感叹时运不济总是遇人不淑，一位长辈无意间的一句话，似是醍醐灌顶。

他说：人在职场，很多时候，小心机其实不如没心机。

小心机不如没心机？细想过来种种，不觉汗落如雨。一直以来的烦恼，还真就是那些“小心机”在作怪。其实，即便不这么迫不及待地贬低别人，众人也早晚会看清我的优秀。但我似乎有点等不及，而这份等不及造成的直接后果就是他人对我人品的质疑。

我开始洗心革面，抛却争强好胜、好大喜功的“小心机”，坦诚与谦逊终于打动了搭档，我们的关系重归融洽。此后，有赖于共同的努力，我们开发出了一个新产品。让人感动的是，虽然这次我没有极力表功，领导还是给了我额外的封赏。

后来，被委以重任后我才得悉，原来是那位搭档极力举荐了我。而心明眼亮的公司领导，一切也早已尽收眼底，之所以迟迟没有动作，是为了让我在最底层的江湖里彻底参透“小心机”的致命伤，不再旁门左道地瞎投机。

>差生为何成为老板<

那天有人抱怨，现在这世道，怎么好学生都成了雇员，差学生都成了老板！

接着大家分析，多数好学生成绩好，路子顺，大部分进了公务员、教师、事业单位梯队，可是差学生呢，进不了这些最稳妥的地方，自然要去跟别人一番厮杀，几个回合下来，就成了不怕风浪的大鱼，没有不敢闯的大海，反过来你问问那些好学生，有几个是习水性的？

人在安全的状态下是趋于保守的，相反，在变数比较多的情况下更愿意搏一搏。不信？做一个实验：

有两个选择，A是肯定赢1000元，B是可能赢2000元也可能什么都得不到。你会选择哪一个呢？大部分人选A，我们在面临获得时，往往小心翼翼，不愿意冒险。

还是两个选择，A是你肯定输1000元，B是可能输2000元也可能什么都不输。现在呢？大部分人选择了B，我们在面对损失时，却有风险偏好，人人都成了冒险家。

这就是卡尼曼的“前景理论”告诉我们的道理。

举个简单的例子。你买了一只股票，正在上涨，不少人急于卖出，起码现在有赢利；但是，如果正在下跌，多数人愿意冒一下险，期待有一天会成鱼翻身。这就是常说的“止赢容易，止损难”，也是股票被套牢的最大原因。

还想起考试。时间充裕时。你会细致地算好每一道题，争取不出错；可是快到点时，你可能干脆蒙一个答案，反正有可能是对的，管他呢！

其实道理都一样，安全状态容易让人放松，多考虑平稳；非常状态下却让人变得莽撞，多考虑代价。留心一下，你会发现，一无所有的时候，往往最率性最本真，当身上背负了资历和职务时，却变成了套子里的人。

一位我敬佩的官员，在小城市时意气风发，做过不少惊世骇俗的大事，到了另一个省的省会城市，反而没了动静，让喜欢他的人觉得挺失落的。

其实，风险也没那么可怕，敢于揭开风险外衣的人，会看到里面蕴藏的机遇。差生理论不正证明了这一点吗？

很多事情，不是你跌不起跟头，而是你把自己想脆弱了。要知道，不出错并不是什么明智之举，不过是个中庸之道罢了；偶尔出错也并不是什么要命的大事，相反可能会让你在人们心中显得更可爱，尤其是你成了公众人物之后。

所谓的风险，不过是你内心设定的，所以，你把它夸大了，其实它可能几率很小；所谓的获得，其实也没你想的那么值得去巩固，其实它可能也很小。

别让你的风险感觉骗了你，有时它真的只是一种感觉。

>成功需要逆思维<

小陈是我20多年的朋友，我住五楼，他住三楼。他在一家工厂任副总，而我在一家媒体当编辑。一天晚上，他说要与我谈谈。

欣然前往，才知他是为了向我咨询投资商铺方面的事情。小陈这些年攒了一些钱，看到前些年不少同事投资商铺赚了大钱，他也想涉足。奔波数日，选了城区四处商铺，让我为他把把关，看哪一家商铺最理想。

第一处商铺位于城里的第一小学旁，目前人气旺盛，价格也出奇的低，小陈说准备马上入手。我听了大吃一惊，这个地段商铺的人气主要靠第一小学，而我在媒体从业，知道这座小学五年内将要搬迁，原址极有可能成为市民公园。五年后这个地段的商铺价格将大跌，现在购入，肯定被套牢。听了我的分析，小陈也吃了一惊，连说难怪这商铺价格这么低，商铺主人催促签合同这么急。

第二处商铺位于江边，地段优异，面积达140多平方米，错层结构，缺点是门前只有一条小路，没有停车的地方，商铺前面是一个别墅区。小陈说，这间商铺价格十分实惠，与楼上的商品房一个价。我听了，又吃了一惊，这是一个人气惨淡的地方，怎么可以投资商铺。我如实相告，小陈补充说，这处商铺虽然人气不旺，但是有“带租”的。他那天去谈价格时，就遇上了租客，租客说如果东家卖掉商铺，他还是要租在这里，如果赶走他，他是不会答应的。我听后，笑了，这是再普通不过的商道“双簧”计。但我没有点破，我对小陈说，那如果这家租客搬走，你保证有租客能长期租你的商铺？小陈想了半天，答不上来。他显然意识到了这处商铺的问题。

第三处商铺位于主城区，是城里有名的休闲一条街，曾经辉煌一时。小陈说那里有一处商铺正在出售，据说好几拨人去谈过了。我只问了一个问题，这条街连个停车的位置也没有，以后还能称为“休闲一条街”吗？再说这条街已经破旧，市民休闲的地点早已转移到其他地方去了，这里只剩下盲人推拿店和麻将馆，你可以想象这样的商铺还有多少商业价值。小陈听了，连说有道理。

第四处商铺在即将开业的沃尔玛超市边，但隔了两条街，而且商铺对面是一个住宅区。我给小陈举了一些例子，凡是一条街上只有半边商铺的，大都做不好生意。然后我给小陈讲了一个“定律”——沃尔玛一公里死亡圈，意思是只要一个地方有沃尔玛超市，那么在它一公里的半径内，所有小商业都会没有生存空间，因为没有一家小商店的商品价格能比沃尔玛低。小陈听后，连说你怎么知道的这么多。

其实这些判断是我在编辑时政新闻、财经新闻过程中积累下来的，同时我又是一位旁观者，更容易看清问题所在。

这些年，我还目睹了身边一些投资失败的案例，我不是什么“投资大师”，但我总结出了一条经验，在这么一个充分商业化的城市里，如果你投资某一个项目，表面上看来可以轻轻松松占到便宜，那你就要当心了，这个项目可不可靠？因为现在的商业已无限细分，你不太可能捡到从天上掉下来的馅饼。

要让自己的投资成功，需要做充分的市场调查，但许多像小陈一样的市民，平时对政策、规划、信息等方面了解不够，很容易上套。要保证投资成功有一条非常重要的经验，那就是需要一点逆思维，反过来思考问题，多问自己几个为什么，如果自己也答不上来，那这样的投资就要当心了。

>思维拐个弯<

日本有一家生产自动售货机的公司，由于当时生产成本高，价格也高，因此并不畅销。要打开销路，必须降低价格。

于是，有人提议，推出新的服务，把自动售货机变成广告媒介，由广告商家支付广告费用弥补价格亏空。但是，如今的广告铺天盖地，人们本来就排斥，谁又能说服商家在自动售货机上做广告呢？

最后，公司想出了一个办法：公司精心选择自动售货机的安放地点，比如：超市、娱乐公园、写字楼和学校。那里人流量大，饮料之类的消费量也大。于是，他们又推出一项服务，想喝饮料的时候，只要按一下自动售货机的按钮，就会有一杯饮料自动倒出来，不用付一分钱。这个过程需要30秒。在这30秒的时间内，自动售货机会播放一段广告。广告播放后，饮料已注入纸杯中，而且纸杯上还印着那个广告的内容。

这样的广告就有了两个好处：一是，只要看一段广告就可以得到一杯饮料，自动售货机变成了自动送货机，消除了人们对广告的抵触心理。二是，广告的到达率是百分之百，而到达率是广告客商最看重的问题。

因此，这项服务一推出，广告商就蜂拥而至，售货机的价格自然就降了下来。就这样，一杯饮料，竟然打开了自动售货机的销路。当年，该公司就销售了 35 万台。一度，占据了整个日本市场的半壁江山。

俗话说：诗在诗外。做生意同样如此。与其盯着商品本身，不如拐个弯想问题，从增加商品的附加值上下功夫。

>成功的笨功夫<

安静的时候，我经常想一个问题，为什么有的人能够学有所成，而有的人终其一生却碌碌无为，成功的秘诀究竟是什么呢？想来想去，我从自己的人生经历中得出一个结论，成功没有秘诀，要想成功，就要下一番笨功夫。

我自己喜欢太极拳，曾经的理想，是要当太极拳的一代宗师。可是，眼看着已经年过四十，别说一代宗师，就是打太极拳的粗浅功夫都没有练到身上，原因是什么呢？

是师傅不明白吗？结论当然是否定的。我的老师是一代名师，老师对太极拳的认识极其深刻，太极拳的功夫已登峰造极。

是自己天资不够吗？我想也是不对的。我自小就有神童之称。小学，我的成绩一直第一。现在还清楚地记得，四年级全年的数学考试，每次都是满分。自己当时的感觉，是已经把数学给学透了，根本没有不会的题目。在升初中的时候，我是全乡唯一考上县一中的学生，并且考了全县第23名的好成绩。初中，因为都是县里的尖子生，竞争就大了一些。即使这样，三年的初中考试，我最差的一次成绩还在排在了全班的第七名。中考的时候，自己又是全县唯一考上部属中专的学生。所以，如果说自己天资不够，我看是也不对的。

是没有时间练习吗？现在想来，自从认识老师以后，自己并非没有时间练习。在邯郸工作的时候，妻子全力支持我打拳。现在，我一个人在石家庄工作，工作之余，时间全是自己的。所以，并不是没有练拳的时间。

古人说过，铁杵磨成针，功到自然成；若要人前显贵，就要人后受罪等谚语。老师也曾告诉我，持之以恒不冷热，上乘功夫自然得。想来想去，自己之所以学拳十年而无成，并非老师不明，也非自己天资不够，更不是没有时间，根本的问题，就是自己没有把笨功夫下到。

前几日，我看了美国作家葛拉威尔写的一本书——《异数》。葛拉威尔在书中讲了一个道理：天才之所以卓越非凡，并非天资超人一等，而是付出了持续不断的努力。只要经过一万小时的锤炼，任何人都能从平凡变成超凡，这就是“一万小时定律”。按此计算，如果每天工作四个小时，一周工作五天，那么成为一个领域的专家至少需要十年。如果想缩短成功的年数，就要增加每天的时间。如果减少了每天的时间，就会增加成功的年数。

功夫之所以称之为功夫，就是需要下够功夫。下够了笨功夫，才会有真功夫。有了真功夫，也就有了我们所说的成功。

从哲理上说：下够笨功夫符合质量互变定律。下笨功夫，就是时间在量上的积累。下够了笨功夫，量的积累就到了一定的程度。量到了一定的程度，就必然发生质的飞跃。有了质的飞跃，就有了阶段性的成功。

从生理上说：人的身体有学习上的适应性。当一个人经常性地做一件事情的时候，思维和生理就会越来越适应做这件事情。当思维和生理的适应成为一种本能后，再做这件事情，身体就能自然而然地做好，这就是我们常说的熟能生巧。与此相反，如果做得少，就会在生理上产生不适应，也就永远做不好这件事情。永远做不好这件事情，也就失去了成功的机会。

＞石匠的诀窍＜

我家正在装修，两个小伙子从地板上的一堆石头里挑选着，他们选中了一块巨大的青石，胳膊发颤地抬到他们的师傅面前。这位老者看来一生都在与石头打交道，他的双手布满了老茧和伤疤，关节也比别人粗大。

我注视着这个双手抚摸着石头的老人，因为常年都在太阳下劳作，他的脸庞非常粗糙而且满是皱纹。他抬起头看了看我，微笑了一下。他微笑时的皱纹很深，看上去有七十多岁了。

我是在下班途中遇到这个名叫弗莱德的老人的。当时我看到一群工人正在垒一座石墙。我停下来，问他们谁是工头。一个瘦小的老头自报家门："我是弗莱德，有什么事吗？"

"很高兴见到你，弗莱德。"我说，"我家想安个壁炉，要在屋里垒一座内墙，你们干这活儿吗？"弗莱德很忙，我求了半天，他终于同意了。

过了几天，弗莱德和他的几个伙计来到我家，他们推来几车青石，倒在尚未装修的地板上。小伙子们还带来几袋水泥、几只水桶和其他一些东西，放好后就走了，只留下了弗莱德一个人。

弗莱德蹲在地上挑选石头，我在旁边弯腰瞅着。“我需要几块齐整的石头做墙基。”他解释说，“越平越好，这块好像不错。”他选中的那块石头正面看是平的，可从后面看是圆的。

他把这块石头搬了过来，前前后后看了几遍。几分钟后，他拿起一把锤子和一个凿子，摆好石头，把凿子放在了石头上的一个部位，拿起锤子敲了几下。像变魔术一样，这块最大的石头一分为二裂开了，现在有了两个整齐的平面。就这样，他把一块块石头都修理好后，用水和好了水泥，就把石头仔细地摆在合适的位置上。

一连两天，我都在着迷地欣赏着他的活计。“弗莱德，你怎么这么有本事啊？”我说。

“我喜欢青石，很好用。”他回答。

“这么硬的石头，在你手里怎么就跟切菜一样，你有什么诀窍？”我追问。

他很耐心地答道：“是这样，在下手前，我先要看一看石头的纹路，看到那个地方了吗？”他指了指垒了一半的墙上的一个小空隙，“我需要一小块石头补这地方。”他又指了指眼前的一堆石头，“这些石头没一块合适的，我就得找一个纹路合适的。”

“看这块。”弗莱德拾起了一块在我看来根本不可能用的石头。“看到它的纹路了吗？”

我瞅了半天，什么也没看出来。“我看不到，弗莱德。”

他笑了笑，又拿起锤子和凿子，一锤之下，这块怪模怪样的石头马上裂开了，裂下去的一块正好可以放在空隙中。我在旁边都看呆了。

没过几天，这座石墙垒好了，墙面平整如镜。

弗莱德是我见到的最好的石匠，他不把工作当成苦差事，而是能化难为易。他会先做一番研究，知道怎样把大“石”化小，最终得心应手地使用。我从中也学到了一个道理：解决难题的办法并不难，只要研究透它，找到它的“脉络”，就能慢慢解决——每次只要一点点。

>为自己设一个假想敌<

人生的每一个阶段，我都有假想敌。

17岁，我在一所三流中学读高中。高二结束，全班36人，我排第28名，数学尤其差，满分120分，我得了29分。

暑假补课，数学上的是解析几何。一天早晨，我借后排男生的作业抄，发现只有得数，没有过程，就问他为什么，他说，写了，你也看不懂。我愣住了。那时候的我，面子比纸薄，更何况唐突我的还是个男生。

晚上回家，早晨那一幕在我脑中反反复复。平生第一次，我感到耻辱，为自己的不优秀而难过。我对自己发誓，我一定要考上大学，考给他看。

我把高一高二的数学书都找出来，从每一本书每一章每一道例题开始，用了最笨的招数：抄和背。高中数学的每一道例题，高考前，我都能默写出来。

开学后的第一次考试，120分的数学卷子，我拥有了一个鲜红的81分。老师讲解时，我双手捏着卷子的角，把它微微竖起，这样，后排的男生就能看得见吧。但我听到，他和同桌正讨论着我是否抄袭。

那一刻，我的心里充满了对他的敌意，我想，也许只有一点小小的进步，别人会质疑；而一旦有了大的飞跃，人们反应的速度便只来得及为你喝彩。

于是，后排男生的话，他的目光，都像掺了兴奋剂的针，锥着我的神经，在后来的每一晚提醒我，不能睡，不能睡，去努力学习。

高三上学期结束，我成了班主任的宝贝，她把我当做后进生转化的典型。等到高考，我成了我们那所升学率极低的中学那一届唯一的本科生。

奇怪的是，拿到大学录取通知书的我碰到了后排男生，他那年考上了一所职高中专。我反而有点失落，我害怕以后不能与他为敌了，会不会我就失去动力？

19岁，我交了男朋友。恋爱一个月后，我被男朋友的前女友在走廊挡住了去路。她是高我一级的同系师姐，心中自是不甘。

于是，上自习，她总出现在我和男朋友常去的教室；系里有活动，她总联合其他人，与在座所有人大声谈笑，把我晾在一边；有人请男朋友吃饭，她扬言有谁和我同桌，她就和谁断交—她和男朋友是同班同学，朋友的交集不少，此时我只得掩面而泣。

我本来不擅处理同学关系，上大学后也无心学习。但她的挑衅把我激怒，几次后，我开始反击。我近乎刻意地努力和我认识的每个人搞好关系，后来甚至将男朋友的同学都拉入自己的阵营。那女生是学生会学习部的部长，为了表示我比她优秀，我开始埋头苦学，在之后的日子，次次考第一，每学期拿一等奖学金。

我后来抱着一摞证书和奖状离开大学时，想到她，有一种比试的快感，更多的却是怀念—她于一年前毕业，我在大学的最后一年没有对手，觉得很无趣。

23 岁，我在家乡中学教书。

男朋友去了北京，他在那里的一所著名高校读研究生。

临行前，他信誓旦旦，他说："放假了，我就回来看你。"然而一个学期后，他却提出分手，他对我说："你不过是个小学校毕业、小地方教书的。"

我气得浑身发抖，握着电话，一句话也说不出来。

有一天，我看到新闻联播中出现天安门的镜头，我想在北京的他是不是在这里意识到我是小学校毕业、小地方教书的。我突然惊醒，不能再这样下去，他就是我的对手，我要将他打倒。

半年后，我报名考研。

我曾很长一段时间，一天只睡五个小时，课间十分钟都拿来背单词；我曾累倒在红笔飞扬的试卷上—那一天，考完研，我还有八个班的卷子要判，第二天就要出成绩。终于，我考上了前男友所在的著名高校。

当我拎着行李出了北京火车站，当我正式成为那所著名高校的一员，我见到前男友，却发现隔了两年，我已经不认识他，他在我心中突然模糊一片，也许他的意义在于只是我的心理对手。

我有时甚至想，如果没有假想敌，我的今天会怎样？

> 下一跳的失败 <

前不久，乌克兰的顿涅茨克在洋洋洒洒的飞雪中，迎来了世界撑杆跳高室内赛的盛典。虽然已是春天，但顿涅茨克的寒风依然狰狞。一大早，体育馆内就已座无虚席了，人们都在交头接耳谈论着一个人，她是人们冒着严寒来到这里的唯一理由。

她，今年 29 岁，在体育场上虽然“年事已高”，但在人们眼中她却是一棵跳高赛场上的“常青树”。这位曾经的王者，在阔别赛场一年后，再次撑起了跳杆，这一次，能否延续辉煌呢？看台上的观众在期待中为她忐忑不安。人们都认为“急流勇退”是功成名就后的明智之举，否则“晚节不保”。如果这次失败了，她的辉煌也许就此终结，毕竟她在赛场上的青春已经不再。

比赛开始了。她朝着欢呼的观众挥了挥手，那一弯挂在嘴角边的微笑，和几年前第一次刷新世界纪录时一样，还是那样的清晰。头两个小时，她没有参赛，静静地坐在看台上，看着其他选手比赛。

到了最后一节，她上场了。看过前面选手的比赛成绩后，她微微一笑，向裁判员示意首跳就要了4.60米。远远地站定后，助跑、撑杆、起跳，她轻轻地掠过了横杆，整个过程是那样的流畅、完美。观看席上响起了热烈的掌声……

第二跳开始了，她要了4.75米的高度，显然这个高度远在她的记录之下，她再次跳过了。第三跳会选多高呢？4.80米吗？人们暗自忖度着。这次她要了4.85米的高度。如果她能跳过这个高度，她就是冠军了！霎时间，全场寂静无声，人们屏住呼吸等待着她的最后一跳。助跑、撑杆、起跳，她身轻如燕，在掠过横杆时尖叫一声，然后一个前滚翻站在了垫子上，她成功了！热情激动的观众全场起立为她完美的动作而鼓掌。很完美，三跳夺冠，简直就是传奇！她应该退出了……

但令所有人吃惊的是，她没有退场，她又向裁判示意要了5.01米的高度，她要再跳一次。沸腾的体育馆瞬时间静了下来，人们都为她捏了一把汗，5.01米将是一个新的世界纪录，如果失败了就会给她的复出留下遗憾，完美的三跳夺冠的传奇也不复存在了。

她双眼注视着5.01米的标志，嘘了一口气。最后一次机会了，她助跑、撑杆、起跳一气呵成，遗憾的是，在最后收脚时，右脚碰到了横杆，横杆掉了下来。全场一片叹息，她向观众致意后退场了。

领奖后，有记者问："你如何看待今天复出的表现？"她定定地说："很完美！我比较满意。"记者不解地说："你最后一跳失败了，你不觉得遗憾吗？"她笑了笑说："我有个习惯，我喜欢用最后一跳的失败来宣告成功。对我来说，成功就是下一跳的失败……”

她，就是俄罗斯撑杆跳高名将伊辛巴耶娃，一个27次打破世界纪录，并保持世界纪录的传奇式运动员。她收获了作为一个运动员的最高荣誉，她满身光环，但她从不自满，她把成功定义为下一跳的失败，不断挑战，永不停歇，在她身上，成功和失败融为一体了，也许这就是伊辛巴耶娃横扫跳坛的撒手锏。

>我不是千里马<

曾经，我为能进微软底特律分公司而洋洋自得，作为州立大学的文科毕业生，这真的很不容易。

但是，这种自豪仅仅持续了一年，我便彻底失去了信心。并不是我不努力，而是我的职位是秘书，功能只是倒茶陪聊。眼看着那些技术人才频频升职，我却常常要用透支卡度日。

人家说，走进微软，终有你展现才华的舞台。可惜，我真的不是千里马，不管跑多久，也不会有什么优异表现，面对那些精密的软件程序，我只能羡慕和哀叹。当然，没有人理解我的心情，尤其是那些搞技术的人才，他们自以为和善地邀请我喝咖啡，大讲最近在某个软件上有什么重要突破，却不知道这些是我的硬伤。每当此刻，我就会后悔自己选错了地方。

微软再好，却没有我立足的地方，我决定重新选择自己的职业。圣诞节前夕，老总去华盛顿出差，我趁机递上辞呈，悄然离开了微软。坦白说，老总是个很有魅力的人。当初正是他在众多应聘者中选了我，我怕见他，所以才出此下策。当然，我在辞呈中已说得很清楚，我相信他会支持我。

可惜，事与愿违。没过两天，我便接到公司电话，叫我回去上班。这是不可能的，我没有才能，但我有尊严。我不甘心在那么多技术人才面前打杂跑腿，在我的职业蓝图里，必须有一片属于自己的天空。所以，我的拒绝丝毫不留余地。

但我真的没想到，圣诞节的夜晚，老总亲自跑到我家里，一句话也没多说，只是拿出一份合同让我签。我说对不起，自己真的不适合待在微软。可老总摆摆手，让我先看看合同内容。

第二天，我重新回到微软，只不过身份已截然不同。那些找我喝咖啡的朋友纷纷叫我请客，我也觉得，这的确值得祝贺。因为从这天开始，我便是微软底特律分公司人力资源部经理。我再也不需要低着头在众人面前自惭形秽，更不需要拿着透支卡纠结苦熬。

圣诞节是一个让我醒悟的夜晚。我曾问老总为什么，他只是笑，反问我还记得那份辞呈吗？我当然记得，微软每天都会收到那样的辞呈，没什么特别的。可老总说，不，你那份辞呈不一样，因为你在谈及和技术人员喝咖啡的烦恼时，很透彻地分析了他们每个人的特长与成就，所以，你虽然不是千里马，但却是伯乐。

微软需要千里马，但更需要伯乐。老总的话让我备受感动，谁说非技术人才不能在微软展现自己呢？任何一个单位，它都需要一个运筹帷幄的人，就像我们的总裁比尔·盖茨，他现在并不会整天研究一个软件的运行，而是不断寻找会研究的人。

如今，于微软的那些人才来说，我依旧什么都不懂，但我会看人、选人、用人。每年人力资源部都招聘，我考察的重点，便是千里马能为公司带来什么和带来多少。

>细节成就未来<

让我们先来看这样一组镜头：

一位顾客在一家商店买了一台果汁机，几个月后，果汁机出了点小毛病。于是，这位顾客带着它和付款小票来到这家商店。热情的营业员问明情况后，立刻给他换了一台，同时，还微笑着告诉他：果汁机刚刚降价，按规定，我们需要退给你 5 美元。

有一天，一位管理人员在一家店面巡视，看到一位店员正在给顾客包装商品，随手把多余的半张包装纸、长出来的绳子扔掉了。这位管理人员严肃地说："小伙子，我们卖的货是不赚钱的，只是赚这一点节约下来的纸张和绳子钱。"

一个周末，一位女士走进一家超市，在付款区，他看到了一张熟悉的面孔，他正穿着普通员工的制服在紧张地忙碌着。"哦！您不是大名鼎鼎的总裁山姆·沃尔顿先生吗？"顾客惊呼道。"是的，女士，我们这里的员工，从运营总监、财务总监、人力资源经理及各部门主管、办公室秘书，一到周末或公休日等人手不够的时候，都会换下笔挺的西装，投入到繁忙的商场之中，来做收银员、搬运工……”总裁山姆·沃尔顿微笑着说。

可以肯定，看完这组镜头，你脑海里闪现出的一定是一些毫不起眼的小店铺。可是我要告诉你，如果你这样想，你就错了，这几件事，发生在世界上最大的商业零售企业沃尔玛的店铺中。

20 世纪 60 年代，在美国兴起了众多的零售商店，经过 40 多年的争斗搏杀，沃尔玛从美国中部阿肯色州的本顿维尔小城崛起，到目前为止，沃尔玛商店总数达到 5000 多家，年收入 3000 多亿美元，列全球 500 强首位，创造了一个又一个神话。

沃尔玛的雄起绝非空穴来风，正所谓“万丈高楼始于一砖一瓦”，沃尔玛几十年来蒸蒸日上，而且不断扩张，其成功的秘密就在于它注重细节，从细节中取胜。

沃尔玛成功的经验同样适用于人生，小事成就大事，细节成就完美。其实，人生就是由许许多多微不足道的小事构成的。对于敬业者来说，凡事无小事。如果你热爱你的工作，你每天就会尽自己能力追求完美。从妥善处理点滴小事的过程中，你的能力及工作态度就可能被领导和同事认可，你优良的形象也会在潜移默化中构造。

> 需要的只是空间 <

大学毕业以后，我和伟明、小峰同时被毕业前的实习单位——广州一家知名度较高的航空货运公司点名要了去。

半年后，伟明和小峰除了专业知识表现突出，其他表现像在学校时一样平平，但却相继得到了重用。而在校是班干部又兼校报主编的我竟然止步未前，还停留在原来的待遇上。更让我不得其解的是，老总总是让我不断地更换工作，从配货部，到接货部，到查询部，几乎是 2 月一换。我耳边断断续续传来同事间的传闻。总的意思是说，我这也干不好，那也干不好，在这家公司一直找不到合适的位置给我。我听了，心里很不是滋味。因为，在任何部门，我都是努力且尽心的，但老总总是在我刚刚进入角色的时候，就把我调到了其他岗位。

尽管我在心里揣有疑问，但我始终相信，我是个很优秀的人，只不过老总尚未发现罢了。为了体现自己的珍珠本色，在工作上，我总是兢兢业业地做好每一件事，对待办公室诸如夹报纸、倒垃圾等工作一直乐此不疲地做着。

在客户查询部的时候，两个月一直都是我坚守岗位到零点。受理客户投诉的时候，我总是不厌其烦地给予解释，虚心听取客户的意见，并作纪录。对于一些确实能够改进工作的建议，我会及时呈报给主管。有一次，还差几分钟，就到了下班的时间，宁波的一个客户打来电话，说发货人说有三件货，问为何提货时只有两件。我要他稍等，我查清楚后，回电话给他。放下电话，我立即翻查了货运记录，发现这单号 NB16072 的货单上确实是三件货，为何变成了两件呢？我打电话到装配部的时候，他们都已下班了。

得知他们在公司附近的一家餐厅吃夜宵时，我马不停蹄地赶了去。当班的主管却告诉我，那张单是早班装配的。具体情况，他不清楚。找到早班装配主管，终于得知了答案：在打包时，把两件体积较小的货给打到一起了！这就是 3 变 2 的原因。我打电话给客户解释完毕已经夜里一点多了。客户很客气地表示了歉意，我说是我们工作时的疏忽造成了您不应该有的疑问，在以后的工作中，我们将努力改善服务。任何一个投诉客户在我那里总能找到上帝的感觉，我的耐心和热情让他们相信我们是真诚的，公司是可信赖的。特别是服务型企业，工作人员的服务态度直接影响到以后的合作。

我刚到查询部的时候，公司经常有货件不能及时到位而引起的投诉。那天上午，有一客户交货时，再三声明，这是急件，必须于次日中午 12 点前到位，否则将有无法预算的损失。公司接下了这件货，也就等于接受了客户的要求。然而在当晚 8 时才得知，虽然经过多次协调，但这件加急货后来还是因为货舱紧张被海航公司拿下了。我即刻致电海航货运部请求退货，然后和南方航空公司联系，赶当晚 10 点 10 分航班，中途转机。这样，虽然经过几个周转，但货最终于次日上午 11 点 10 分到了到货站，客户及时接到了货，这以后我就把条弯路但一样可行的工作方法，推荐给其他同事，不久这类投诉渐渐少了，几乎没有什么货出现意外了。

老总惊喜地看到了这一变化。对于一个货运部门，没有比解决这一类投诉更重要了，而我的方法只不过是自己多麻烦一点而已。不久，公司成立了快递部，在查询部刚刚得心应手的我又出乎意料地被派往快递部。主管说这是老总点名指定的。而且，过去就成了一把手—快递部主管的位置。

在入职新部门的当晚，老总第一次把我请进了他的办公室。他说："当初你来本公司实习的时候，你较高的综合素质让我对你刮目相看。在我们这个大公司，一个复合型的管理人才比专业知识优秀的人才更难得，实习的时候，我注意到你在日常工作中总是多做一些不是自己分内的工作，而且，能够把部门的每个人的积极性给充分调动起来，这就是我不断给你换部门的最直接原因。我要让你的精神在公司里发扬光大，让你健康向上的工作作风感染公司每一个人。还有，我想让你有机会全面地了解公司运作，因为，我需要一个像你这样的助手。"老总顿了顿，问我："你明白我的意思吗？”

我点头。想到了入职以来的种种经历，突然间发现，其实我已经熟悉了整个物流公司的运作流程！

“那就好，你目前的工作只是为你以后的工作打基础，你那两个同学的专业知识技能可能比你精湛，但他们只能是一名合格的，或者是优秀的员工，我给了他们较好的环境和待遇，而给了你宽大的发展空间，如果你真有那么几把刷子的话，我只需要给你足够的空间，然后你自己尽情发挥……”是的，如果一个人真有那么几把刷子的话，就该脚踏实地干好本职工作。相信机遇会有的，只是，只是对那些有几把刷子的人，总是要多等一会儿……